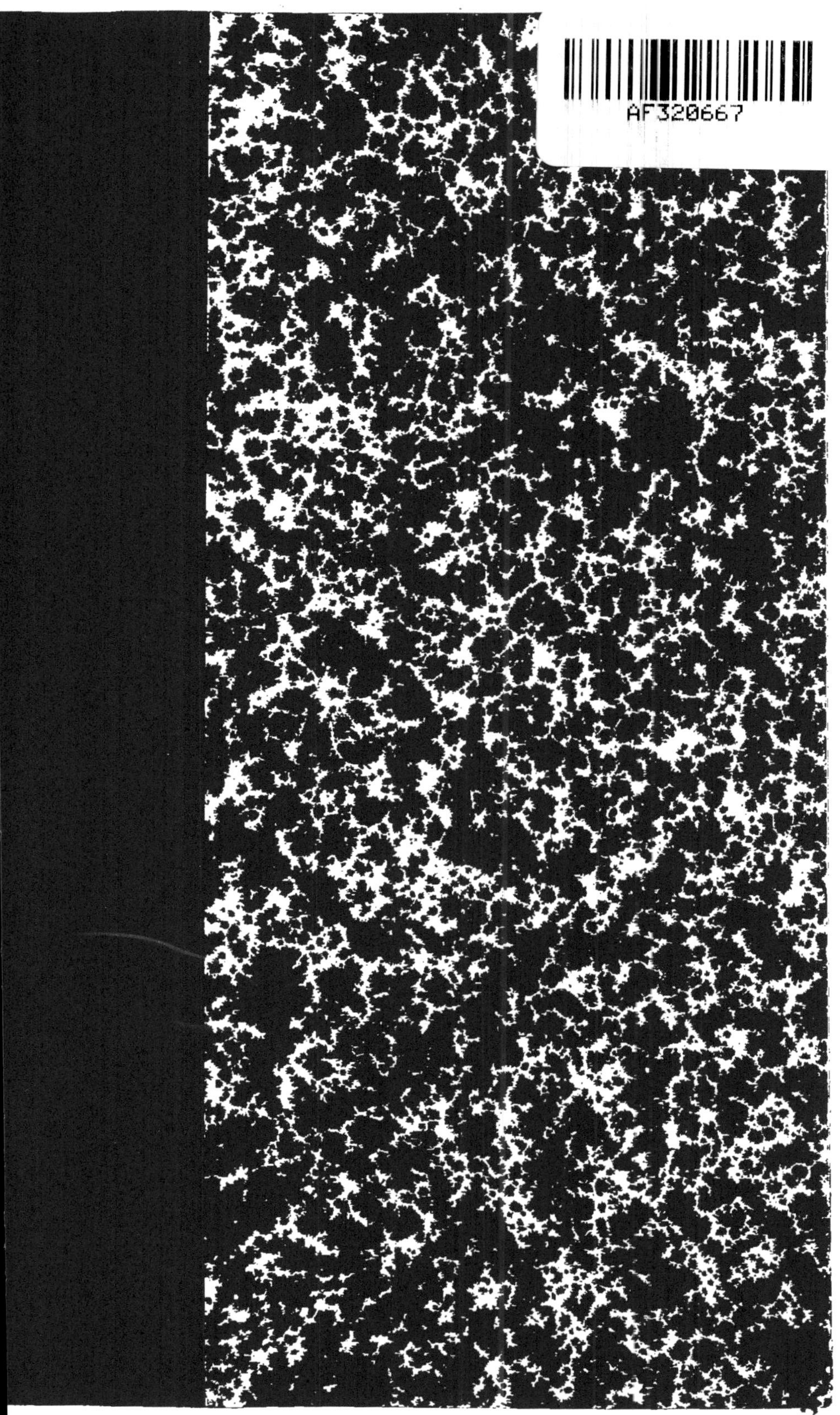
AF320667

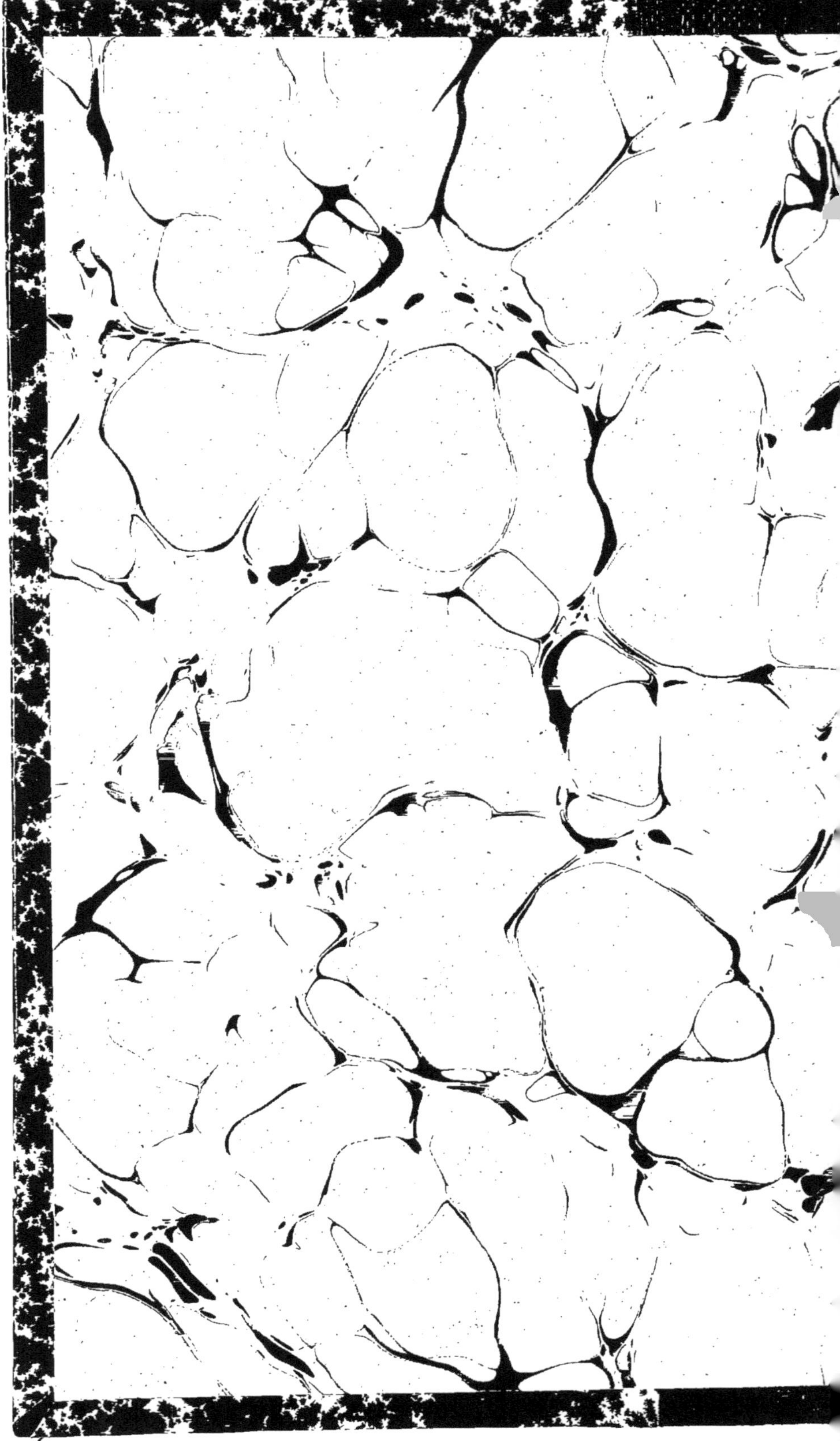

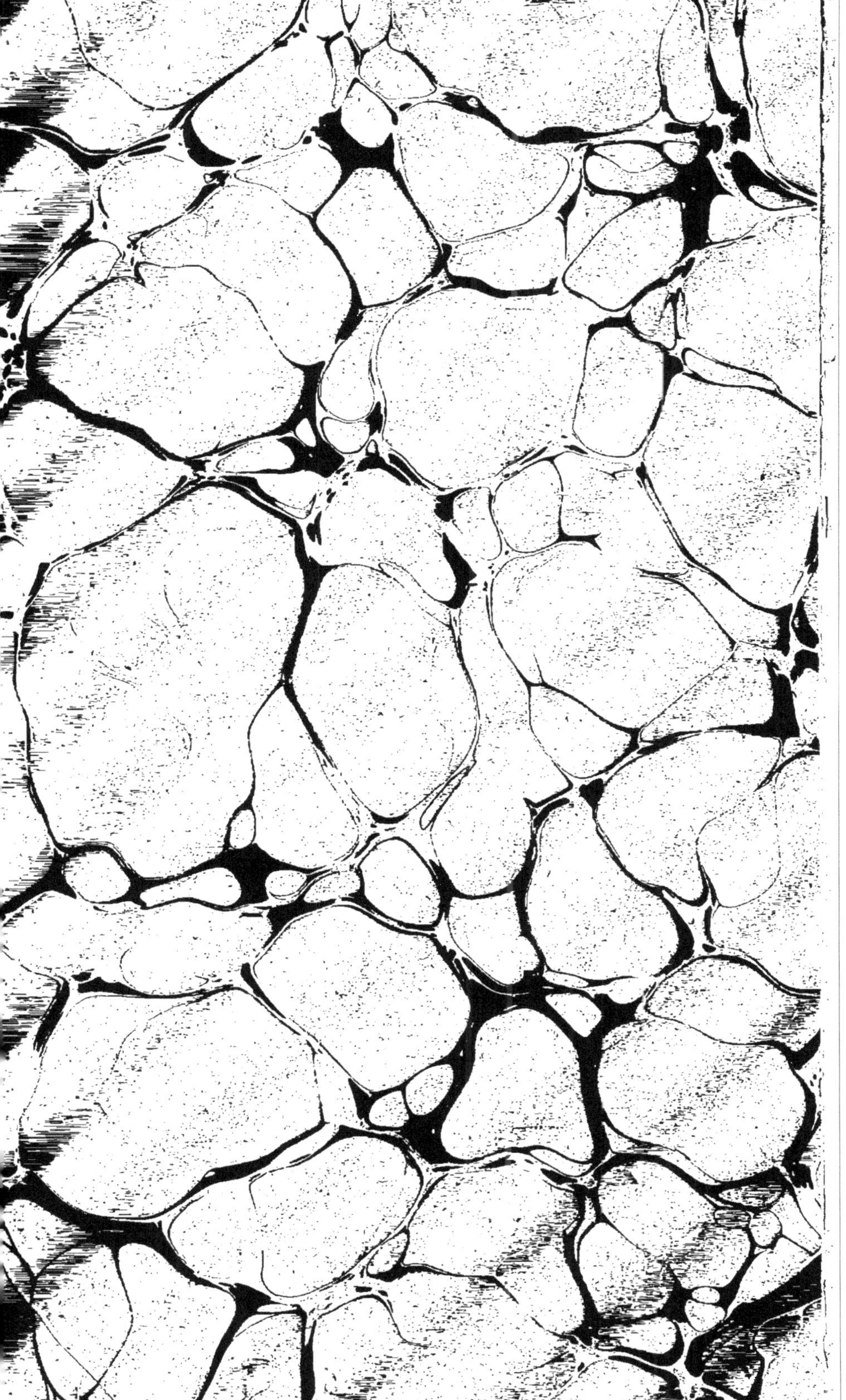

J. Boulanger

J. Boulanger

PRINCIPES FONDAMENTAUX

DE

L'ARRIMAGE

DES VAISSEAUX;

PAR M. BOURDÉ DE VILLEHUET,

Officier de marine de la compagnie des Indes;

SUIVI

D'UN MÉMOIRE SUR LE MÊME SUJET,

PAR M. GROIGNARD,

Ingénieur-constructeur en chef au port de Lorient.

A PARIS,

Chez BACHELIER, Libraire pour la Marine, quai des Augustins, n°. 55.

1814.

IMPRIMERIE DE FAIN, PLACE DE L'ODÉON.

AVIS

DE L'ÉDITEUR.

PLUSIEURS officiers de marine ayant témoigné le désir de se procurer séparément du Manœuvrier, ces Principes fondamentaux de l'Arrimage des Vaisseaux, nous les avons fait réimprimer et tirer à un petit nombre d'exemplaires. Ces messieurs verront, dans cette déférence à nous rendre à leurs désirs, celui de leur être agréable, et de ménager en même temps leurs intérêts.

PRINCIPES FONDAMENTAUX

DE

L'ARRIMAGE DES VAISSEAUX.

L'ARRIMAGE est l'art de disposer et d'arranger tout ce qui entre dans un vaisseau, le plus solidement et le plus avantageusement possible, pour que tout se conserve sans avarie, en même temps que l'on conservera aussi, par l'arrangement des effets, les qualités du navire.

DÉFINITIONS.

LE rang se forme par des futailles, ballots ou caisses que l'on arrange à côté les uns des autres, sur la même ligne, comme AB (*fig.* 1), d'un travers du vaisseau à l'autre.

L'antenne est composée de rangs au-dessus les uns des autres et vus par le bout verticalement, comme ABGH.

Le plan est composé de rangs bout à bout en vue d'oiseau, comme CDEF (*fig.* 2).

Le premier rang est le principe du premier plan qui est arrimé sur un petit grenier de bois de billettes que l'on fait au-dessus du lest IK (*fig.* 1), quand il est en fer ou grosses pierres, afin d'empêcher les futailles de porter en plein et de se crever au mouvement, ou par leur propre poids.

Il suit de ce que nous venons d'expliquer, qu'un arrimage entier est composé de plans, si on en fait autant de tranches horizontales qu'il y a de rangs dans l'antenne.

Il est composé d'antennes, si on en fait autant de tranches verticales qu'il y a de rangs dans le plan.

La 1re. figure représente une antenne entière d'un vaisseau de guerre, formée du lest, du grenier, des trois rangs de futailles arrimées et garnies de bois à brûler, soutenues de leurs pailles d'arrimage, et appuyées de leurs coins; le tout étant barroté de bois à feu.

La 2e. figure représente le troisième plan d'un vaisseau de guerre découvert; on y voit le plan de la cale à l'eau CDEF, garni de bois, ainsi que les futailles en bréton EF; la cale aux vivres de l'équipage EFLM, avec des forains remplis de barillages et de pièces en bréton LM.

On voit à la suite la cale du capitaine LMOP arrimée, et les soutes à pain, avec leurs courcives X.

On voit en avant la fosse aux lions et celle aux câbles, greslins, aussières et cordages de rechange de toute espèce.

Description de l'usage de lester et arrimer un vaisseau de guerre.

LES vaisseaux de guerre n'ont ordinairement que du fer pour lest, soit en gueuses, vieux canons, morceaux d'ancres ou autres.

On donne aux vaisseaux plus ou moins de lest, quoique de même grandeur ; souvent un vaisseau plus petit demande plus de lest qu'un plus grand ; cela dépend de leurs formes. Le vaisseau fin en demande plus que le vaisseau qui est à plates varangues, parce que son centre de gravité est plus haut, et ils peuvent cependant avoir la même propriété de bien diviser le fluide.

J'ai été sur *le Comte de Provence*, vaisseau de 74 canons, qui, par ses qualités supérieures, fera toujours honneur à son constructeur : il avait 160 pieds de quille, 176 de longueur absolue, et 43 pieds de bau de dehors en dehors les membres ; ses maîtresses varangues étaient plates, c'est-à-dire sans aculement ; son lest n'était que de 90 à 100 tonneaux en fer, et il était en tout temps fin voilier, même après être rompu et cassé ; il roulait et tanguait peu ; le seul défaut de ce vaisseau unique était sa charpente, défaut dans lequel tombent aujourd'hui tous les constructeurs, défaut en un mot qui ruinera l'état maritime en France, si on n'y remédie pas : le vaisseau *le Comte de Provence* marchait comme les meilleures frégates. J'ai passé ensuite sur le vaisseau *le Fortuné*, de 64 canons, qui pouvait passer pour une grande frégate, par ses qualités, sa figure et sa forme : sa quille était de 146 pieds, sa longueur absolue n'allait pas au-delà de 156 pieds, et son bau de dehors en dehors les membres était de 40 pieds; ses maîtresses varangues étaient fort acculées, et son lest était de 120 tonneaux en fer, et de 30 tonneaux en petits cailloux, dans lesquels on engravait le premier plan dans les cales à l'eau et aux vivres : il était fin voilier ; mais *le Comte de Provence* avait au moins $\frac{1}{6}$ de marche de plus. Ces vaisseaux, armés l'un à 4 pieds 8 pouces de batteries en belle, et l'autre à 5 pieds 10 pouces et 6 pieds, portaient pour six mois de vivres à 600 et 700 hommes, ce qui est toujours aisé à approximer en tonneaux, parce que les ordonnances fixent ce qu'il faut pour chaque homme, ainsi que la quantité des autres effets d'armement.

On fait un plan du lest sur le vaigrage du fond de la grande cale et cale aux vivres ; on met aussi en avant sous la plate-forme de la fosse aux câbles, en arrière sous celle des soutes à poudre, de manière que le vaisseau sur son lest soit au tirant d'eau d'arrière et d'avant désigné par le constructeur ; ensuite, travaillant dans la cale à l'eau (ou dans toutes les cales en même temps), on fait un lit de bois de billettes, et l'on arrime par-dessus le premier plan d'eau, en bottes de quatre, employant des pailles d'arrimage *, que l'on met en travers

---

* On appelle *pailles d'arrimage* des bûches de 3 à 4 pieds de

ous les bouts des pièces, pour les élever, afin d'empêcher le ventre des futailles de porter avec tout leur
poids sur les billettes qui couvrent le lest ; et lorsque la
première pièce est bien parallèle au plan du lest sur ses
pailles, on la coinse avec quatre coins, deux de chaque
bord, pour l'assujétir et lui ôter tout mouvement dans
les plus grands tangages ou roulis du vaisseau : cette
pièce une fois placée au milieu de son rang, répondant
sur la quille et joignant exactement la cloison de la fosse
aux câbles, on continue d'arrimer les autres pièces des
deux bords pour achever ce rang, en allant chercher les
côtés du vaisseau de travers en travers ; quand il est fini,
on remplit le plus exactement possible l'entre-deux des
pièces, par-dessous, de bois de billettes, ainsi que les
vides qui se trouvent quelquefois à bord : ce rang ainsi
achevé, on en recommence au milieu un second parallèle au premier, que l'on conduit de la même manière,
avec les mêmes précautions et la même exactitude, faisant toujours en sorte qu'une pièce (n'importe dans
quel rang elle se trouve) ne soit jamais plus haute que
les autres ; car il faut absolument que tout ce qui com-
pose le premier plan d'un arrimage soit de niveau, afin
qu'il ne se trouve point d'inégalités dans le second, qui
doit être arrimé par-dessus le premier avec le même
soin et la même régularité, soit qu'il doive être composé de pièces de quatre ou de trois, ou mêlé de ces

---

long et de 5 à 6 pouces de diamètre, que l'on met en travers
sous les bouts des futailles que l'on arrime.

deux espèces de futailles, dessous lesquelles on met le bois nécessaire pour remplir les vides qui se trouvent entre les pièces du premier plan. On met dessous tout ce second plan des pailles, qui doivent porter en plein sur les billettes de garniture du premier, et sur les bottes de dessous ; ensuite on assujétit les pièces que l'on arrime avec des coins, et de la même manière qu'au premier plan, ayant bien attention que tous les jables des futailles, qui sont bout à bout, se joignent bien exactement, remplissant toujours de bois les vides (ou interstices) qu'elles laissent entr'elles par les bouges ; le second plan achevé, on procède à l'arrimage du troisième, qui est ordinairement composé de pièces de deux, et quelquefois mêlé de pièces de trois ; dans les uns et les autres de ces plans, on met dans les forains des barriques, afin de ménager l'espace et de n'en point perdre, surtout quand il s'agit d'entreprendre de longues traversées, dans lesquelles on n'a jamais trop d'eau ; on n'épargne pas non plus le bois à brûler, crainte d'en manquer, et l'on ne manque jamais de barroter avec ce dernier.

Si, en arrière de chaque plan, il se trouve trop peu d'espace, quand il est fini, pour arrimer de long quelques pièces, on tâche de les placer en bréton ; mais on ne pratique cette manière que quand on ne peut pas faire autrement, et pour ménager l'espace sans le perdre, si on ne peut pas mettre de futailles d'une façon ou de l'autre, on remplit de bois, et tout l'espace est employé.

Dans la cale aux vivres, on dispose l'arrimage comme

nous venons de le voir, observant de mettre dans le fond les futailles les plus considérables et les plus pesantes en liqueurs ou viande salée, plaçant au premier plan ce qui doit être consommé le dernier ou en retour; au second, ce dont on a besoin quelque temps après être en mer, ce qui est ordinairement contre-marqué, tant pour les boissons que pour les viandes, beurres, graisses, huiles et légumes, ou farines; dans le troisième plan et dans les vides qui se trouvent au-dessus, on met tout ce qui sera d'abord consommé en partant, disposant les choses de manière qu'à mesure qu'on les consomme, on puisse découvrir celles dont on aura besoin tout de suite après.

Quoique la cale du capitaine soit fort petite, en comparaison des autres, on l'arrime cependant de la même manière que celle aux vivres de l'équipage, et avec les mêmes précautions.

Les soutes à poudre sont remplies de barils qui contiennent chacun cent ou deux cents livres de poudre de guerre; et comme ils sont fort maniables, on les arrime très-aisément les uns sur les autres, par plans et de manière à n'avoir point de jouement; on remplit les coffres à poudre de gargousses pleines, et l'on place dans les différens endroits ou forains des soutes les mèches et autres ustensiles susceptibles d'embrasement, et qui ne sont jamais d'un grand poids.

En avant de la cale à l'eau est la fosse aux câbles, on les y arrime en les rouant ou cueillant de façon qu'il y en ait toujours au moins trois de parés à intalinguer :

les uns mettent la grande touée * sous le panneau, d'autres la placent tout-à-fait sur l'avant de la fosse aux câbles; mais de quelque façon que ce soit, on tient les autres câbles tribord et bâbord, vis-à-vis l'un de l'autre, plaçant les greslins et aussières dans les câbles ou entr'eux, ainsi que le gros cordage de rechange, laissant toujours l'espace nécessaire pour passer librement les poudres qui sont en gargousses sous la fosse aux lions, dans des coffres d'attache doublés de plomb, dont les ouvertures se regardent, étant séparés par une petite courcive. (Ces coffres doivent contenir deux mille coups de canon.) Dans la fosse aux lions se place tout ce qui concerne le rechange du maître d'équipage, en menus cordages, comme le petit filain, carenthunier, lusin, merlin, ligne d'amarrage, bitord, fil de caret, suif, huile à brûler, goudron, etc.

Depuis la fosse aux lions en arrière, jusqu'aux soutes à poudre et à pain qui sont au-dessus les unes des autres, est compris le faux-pont, porté par les faux-baux, au-dessous desquels est fait l'arrimage que nous avons détaillé.

Au-dessus de la fosse aux câbles, entre les cloisons du théâtre et de la fosse aux lions, est compris un es-

---

* La *grande touée* est composée de deux câbles de même grosseur, et quelquefois de trois épicés bout à bout. J'ai vu un vaisseau de guerre anglais qui avait une touée de 7 câbles : on s'en sert pour mouiller dans un grand fond, ou pour tenir contre un fort coup de vent.

pace faisant partie du faux-pont, dans lequel on trouve des soutes à grain, la soute du voilier de travers en travers sur l'avant, celles du charpentier, du tonnelier et du calfat; les unes et les autres contiennent tout ce qui est propre à ces différens états pour le voyage, à l'exception du brai, goudron et suif, que l'on place dans les forains des autres endroits, parce qu'ils sont d'un trop gros volume pour entrer dans les petites soutes, autour desquelles règnent les galeries du vaisseau. (Galerie, dans ce sens, se dit d'un espace libre autour du vaisseau par-dessus le faux-pont, pour boucher en dedans les coups de canon que l'on peut recevoir à l'eau pendant un combat : les galeries ont ordinairement trois pieds de large).

Le théâtre ou poste du chirurgien est compris entre les cloisons de la cambuse * et de la fosse aux câbles, dans tout l'espace qui est au-dessus de la grande cale ou cale à l'eau ; il doit être absolument vide de tout ce qui pourrait gêner les malades ou blessés, et contenir ce qui regarde les médicamens et les choses propres aux pansemens.

En arrière du théâtre, entre les cloisons des soutes à pain et du théâtre, au-dessus des cales aux vivres, est la cambuse autour de laquelle il y a plusieurs aménagemens, pour le capitaine, en soutes qui contiennent différentes choses propres à l'avitaillement de table.

---

* *Cambuse*, lieu où l'on distribue, à tous les repas, les vivres de l'équipage.

En arrière de tout cela sont les soutes à pain, et une petite soute de rechange tout-à-fait sur l'arrière pour les ustensiles du canonnier; entre les soutes à pain il y a une petite courcive pour le passage des poudres qui vont se distribuer pendant le combat au panneau de la cambuse.

Il y a quelquefois des changemens dans la distribution de la cale d'un vaisseau de guerre ; mais comme il n'est pas possible d'entrer dans le détail de ces sortes de choses qui peuvent être variées à l'infini, selon les différentes circonstances et les différentes idées, je m'en tiendrai à ce que je viens d'expliquer, comme à ce qu'il y a de plus usité et de meilleur, à ce que je crois.

OBSERVATION.

QUAND au lieu d'avoir tout en lest de fer, on a du cailloutage, et que l'on craint qu'il monte trop haut, ou que le vaisseau soit trop rude dans ses roulis, on engrave le premier plan d'eau parmi les cailloux qui doivent en être les plus petits possibles, afin que le lest ne soit pas trop mat, c'est-à-dire, que le centre de gravité du lest ne soit pas trop au-dessous de celui du vaisseau chargé et prêt à prendre la mer, parce qu'il le rappellerait trop vite, et donnerait trop de vivacité au roulis.

Description de l'usage de lester et arrimer un vaisseau de charge.

Les vaisseaux qui chargent en marchandises ou en flûtes, prennent tant d'effets différens dans leurs cargaisons, qu'il est impossible d'entrer dans le détail de ces sortes d'arrimages : d'ailleurs chaque port et chaque navigation ont leurs différentes manières adoptées; ainsi nous ne pouvons que supposer une cargaison compliquée, et qui ne ressemblera peut-être à aucune de celles qui composent le chargement des vaisseaux que l'état emploie à son commerce; mais comme il faut partir d'après quelque chose, je me propose un vaisseau qui doit charger en plein de fer et plomb, de canons et d'ancres, de vin ou eau-de-vie, farines, viandes, toiles et ballots de différentes marchandises sèches, etc.

Les canons et ancres sont ce qu'il y a de plus embarrassant dans un arrimage; mais on en tire parti, en arrimant d'abord pour lest les canons ou mortiers que l'on met sur un petit lit de billettes; on place les canons de long, arrimant tout d'un temps entre les pièces les verges des ancres, mettant des semelles dessous les angles des becs qui doivent être arrimés à plat, de sorte qu'il ne paraisse rien au-dessus des canons, et de façon que le vaisseau soit à son tirant d'eau tel que le constructeur l'aura donné pour son lest; on égalise ensuite partout avec du bois, des boulets, plomb, bombes ou fer vierge : ce grenier est haut, mais on ne fait pas autrement. Si le vaisseau est fort de côté et bien construit, il roule vivement et compromet sa mâture, au lieu que si on avait élevé le lest de fer sur un grenier ou fardage de bois à trois pieds de haut, on aurait modéré ce mouvement.

Ce premier plan étant fait, on arrime dessus le vin et l'eau-de-vie de cargaison avec toutes les précautions possibles, et de la même manière que nous l'avons déjà vu dans l'arrimage du vaisseau de guerre, mettant dans les forains des quarts de viande ou autres petits barillages, de façon qu'ils ne soient pas trop pressés par les autres marchandises du dessus; ensuite, lorsqu'on a fini d'arrimer bien solidement les marchandises les plus pesantes, on arrime les viandes salées sur les boissons, et par-dessus on met les farines, en appuyant bien le tout avec le bois d'arrimage : on conserve ordinairement la partie de l'arrière de la cale pour les marchandises en ballots et les toiles, en un mot, pour tout ce qui doit être conservé le plus sèchement (le gaillard d'arrière faisant un troisième pont, met à l'abri de l'eau ces sortes d'effets); on ne perd point d'espace dans la cale, et l'on vient peu à peu à barroter partout au plein des écoutilles, depuis la cale à l'eau jusqu'à la cloison des soutes à poudre et à pain.

La cale à l'eau est comprise depuis l'arrière du panneau d'avant jusqu'à l'étrave, et est arrimée par rangs, antennes et plans, de la même manière que nous l'avons déjà dit ci-devant, de sorte que la cale se trouve pleine en total de l'avant à l'arrière.

On met les câbles entre pont et tout le rechange, mettant le menu cordage dans les endroits qui se trouvent débarrassés dans des soutes que l'on pratique en avant auprès des cambuses qui sont aussi entre pont, et que je trouverais bien mieux placées au milieu, parce qu'elles ne chargeraient pas l'extrémité du vaisseau, et qu'elles le fatigueraient moins.

Les soutes à poudre sont, comme dans les autres vaisseaux, sous celles à pain; et les boulets qui ne vont point dans les parcs, se mettent dans l'archipompe.

OBSERVATIONS.

Si un vaisseau est obligé de charger en fer ou plomb, on fait d'abord un grenier en bois de billettes haut de trois pieds environ, et on arrime dessus une bonne quantité de fer, en laissant dans le milieu un vide que l'on remplit à mesure avec du bois, afin de balancer le poids des deux côtés de l'axe du mouvement du roulis, en mêlant dans l'arrimage beaucoup de bois parmi le fer, pour le faire monter plus haut, et le rendre moins mat.

D'autres arriment différemment, en faisant d'abord un lit de bois, ensuite un lit de plomb, sur le plomb, un second lit de bois; par-dessus, un second plan de plomb, et ainsi de suite, jusqu'à ce que le vaisseau soit entièrement chargé, élevant le bois plus ou moins.

Si, au lieu de fer, le vaisseau charge de laine, il prend son lest en fer ou plomb, afin de conserver plus d'espace que s'il prenait des pierres, qui sont d'un bien plus grand volume, et on le dispose de façon à ne pas rendre le vaisseau trop dur dans ses mouvemens : ensuite on arrime la laine en balles, en se servant de presses, pour ménager l'espace. Les Provençaux, qui font le commerce dans le Levant, appellent cette façon d'arrimer *estiver à trau*.

Les vaisseaux de la compagnie des Indes, qui chargent richement dans les endroits où son commerce est établi : à Mahé, en poivre ; à Pondichéri, en toiles de coton, mousselines de la côte Coromandel, chittes, mouchoirs de toutes espèces et café moka ; à Bengale, en mousselines fines et poivres ; à la Chine, en porcelaines, thé et soieries ; aux Iles de France et de Bourbon, en café, prennent beaucoup plus de précautions.

On commence par faire le plan du lest, et d'un grenier élevé en tout de deux pieds à deux pieds et demi, afin de mettre les marchandises au-dessus de l'eau qui se range toujours au fond : ensuite on met une garniture d'un pied environ tout autour de la cale en rotin, bois de sapan ou autres espèces de bois de cargaison, selon l'endroit où l'on charge, et par-dessus le tout une chemise de toile à voile, que l'on cloue, à mesure que l'on monte avec l'arrimage : cette garniture à bord est pour empêcher que l'eau qui s'écoule le long des côtés du navire, ne touche aux marchandises : quand tout cela est fait, on arrime les caisses de thé à la Chine (la porcelaine en bonnes caisses étant enterrée dans le lest dont elle fait partie), par rangs et par plans, en commençant par l'avant à joindre la cloison de la cale à l'eau ; on force à coups de masse, que l'on frappe sur des planches qui sont mises pour l'instant par-dessus les caisses, pour les mettre de niveau les unes avec les autres, de façon qu'il n'y ait pas un coup de ligne de différence : on met aussi des planches devant les bouts des caisses, afin de les faire entrer de force dans les rangs : on fait ensuite entrer des quarts de caisse ou demi-caisses dans les forains, et l'on ne perd pas un pouce d'espace, de sorte qu'il faut ordinairement rompre une caisse de chaque rang, pour défaire cet arrimage quand on décharge le vaisseau.

Si c'est à Pondichéri ou Bengale que l'on charge en ballots, on prend les mêmes précautions, quant à la garniture autour de la cale, et au grenier du lest ; mais l'on engrave tous les plans de balles avec du poivre * en grenier, de sorte que le moindre petit vide se remplit, en même temps que tout est préservé d'insectes.

On arrime les balles de café comme les ballots ; mais l'on n'y met point de poivre, à cause du goût : c'est le chargement le plus aisé à faire, parce que tout est égal, et les vides ne s'aperçoivent pas.

Lorsqu'on charge en plein avec du grain de même espèce, on partage la cale d'un bout à l'autre par le milieu avec une forte cloison du haut en bas bien étançonnée ; ensuite on arrime le lest, comme nous l'avons dit ; observant de ne pas lester tant le vaisseau que s'il pre-

---

* Cet arrimage est terrible pour la santé de ceux qui le font, par la poussière qui en sort, et qui affecte la poitrine.

nait une autre cargaison; car celle-ci pèse ordinairément plus que les autres , puisqu'elle laisse moins de vide; et lorsque cela est fait, on arrange un grenier de bois, et l'on garnit à bord; ensuite on met une chemise par toute la cale, et l'on remplit de grain jusqu'à charger le vaisseau; il reste ordinairement un peu de vide , la cloison du milieu ne se pratique que pour obvier au risque qu'une forte bande ferait courir au vaisseau, car alors elle empêche le grain du vent de tomber sous le vent. Si on charge de différentes espèces de grains, on fait des parquets pour les séparer, et on garnit de toiles.

Défauts des arrimages usités, et moyens d'y remédier, autant qu'il me paraît possible de le faire.

DANS les vaisseaux de guerre, les aménagemens de la cale sont autant bien distribués qu'ils puissent l'être pour l'objet auquel on les destine; mais l'inconvient que je trouve dans leurs arrimages, vient de ce qu'on ne peut pas transporter, à la mer, les parties de la cargaison de l'avant à l'arrière, pour remettre avec facilité le vaisseau dans son assiette, quand il l'a perdue, en devenant trop léger dans l'une ou l'autre de ses extrémités, par la consommation des vivres ou du bois, ou par celle de ses munitions de guerre; elles peuvent aller à trente-cinq tonneaux dans une action de quatre ou cinq heures, sur un vaisseau de soixante-quatorze ca-

...ons, comme je l'ai vu arriver * ; et quand aussi il se
...rouve trop léger en total , ce qui le met dans le cas de
...orter peu de voiles et de perdre sur toutes ses autres
...ualités, de bien gouverner , bien marcher, et ne point
...atiguer sa mâture.

Les mêmes inconvéniens ne sont jamais aussi considérables sur les vaisseaux marchands, parce qu'à proportion de leurs grandeurs, les consommations ne sont
pas aussi fortes, de sorte qu'ils sont toujours assez calés ;
mais leur assiette peut également se troubler et se perdre, s'ils légissent plus par une des extrémités que par
l'autre.

Un autre inconvénient, qui est commun aux vaisseaux de guerre comme aux vaisseaux marchands, c'est
que l'on étend le lest sur l'avant et l'arrière du centre de
gravité du vaisseau, de manière que, par rapport au lest
seulement, on rend les extrémités du navire pres-
qu'aussi pesantes que le milieu, quoiqu'elles ne déplacent pas autant d'eau à beaucoup près ; et cette méthode
ne contribue pas peu à faire arquer les vaisseaux, et à
leur rendre le mouvement du tangage fort dur.

---

* En 1747, le vaisseau du roi *l'Invincible*, défendu par les officiers de la compagnie des Indes, le 14 mai, tira 2270 coups
de canon et 10000 coups de fusil, ce qui fait plus de 40 tonneaux de munitions de guerre, sans compter plus de 150 hommes qui furent tués et jetés à la mer pendant l'action qui dura
quatre heures. Je cave au plus bas dans ces approximations, qui
exactement iraient en total à plus de 52 tonneaux.

On peut aisément remédier à ces accidens sur les vaisseaux de guerre, en embarquant une certaine quantité de barriques en fagot, afin de pouvoir les monter pour les remplir d'eau de mer, lorsqu'on verra le vaisseau trop léger, et qu'il y aura de l'espace dans les cales par les consommations de bois et autres effets, ayant attention de remplir aussi toutes les autres futailles à mesure qu'elles se vident d'eau douce, de viandes salées, vin et eau-de-vie; ainsi l'on pourra mettre dans la place du bois à feu qui se consomme, au moins vingt-cinq à trente tonneaux d'eau de mer, sans se gêner, sur un vaisseau de 74 canons; ce qu'il sera encore aisé de passer de l'avant dans la fosse aux câbles, ou de l'arrière dans la cale aux vivres, puisque ce sont de petites futailles aisées à manier.

Pour plus de commodité et de certitude, je propose un moyen de plus pour remettre le vaisseau en tonture et en assiette à sa ligne d'eau favorable, quand il l'aura perdue à la mer. Je voudrais avoir dans le faux-pont de chaque côté de l'archipompe ou par-dessus les pièces du dernier plan de la cale (n'importe où, pourvu que ce soit au milieu du vaisseau), dix tonneaux de plomb en saumons de soixante livres, toujours parés au besoin, pour transporter de l'avant à l'arrière, selon qu'on le jugera nécessaire, pour essayer sa marche avec d'autres vaisseaux, observant bien dans ces opérations la quantité que l'on en transportera, avec la distance du changement en pieds, et le profit ou perte que l'on fera dans la vitesse.

On doit, avant de partir du port, et lorsque le vais-
eau est armé, prêt à prendre la mer, transporter les
vingt tonneaux de plomb en avant du milieu où on les a
placés de dix pieds, et voir de combien dix et vingt tonneaux feront caler le vaisseau sur nez, ensuite les por-
er à dix autres pieds plus loin, et faire la même observation ; de sorte que continuant la même expérience de
dix pieds en dix pieds jusqu'en avant, et prenant toujours note des changemens de la ligne d'eau, on sera
ensuite dans le cas de s'en servir à la mer avec connais-
sance ; l'on saura toujours de combien on fera plonger
l'avant de plus qu'il n'était, et l'on verra aisément l'avantage que cela donnera dans la marche et le gouvernail,
ou la perte que l'on y fera. L'on fera les mêmes opérations pour la partie de l'arrière et les mêmes observations à la mer : cela est fort aisé à pratiquer, il ne faut
que la bonne volonté; mais comme les vaisseaux de
guerre ont leur centre de gravité très-haut, à cause de
leur artillerie, ces opérations se pratiqueront à la mer,
en faisant passer le plomb dans la fosse aux câbles et dans
celle aux lions, sur le faux-pont du théâtre, dans la
cambuse et dans la soute de rechange du canonnier.

Ces observations sont d'une très-grande conséquence
pour les circonstances pressantes de chasse; l'on ne
peut trop y faire attention dans les temps tranquilles,
afin d'en tirer parti dans les événemens critiques.

Dans les cas de chasse forcée, où le vaisseau donnerait trop de bande, en portant (selon la routine) trop
de voiles, on pourra faire passer dans le faux-pont, du

côté du vent, les dix tonneaux de plomb qui seraient sous le vent, afin de faire équilibre un peu plus avec l'effort des voiles, et tenir le vaisseau gouvernant et droit dans ses lignes d'eau les plus avantageuses à sa marche, se tenant d'ailleurs toujours prêt à remettre vivement le même poids à sa place.

Dans les vaisseaux marchands chargés en plein, on distribuera le long de l'entre-pont, au milieu de la longueur, une dixaine de tonneaux de ce même plomb, pour s'en servir dans les mêmes circonstances, observant de le parqueter, afin d'obvier aux accidens d'une trop forte bande, et l'empêcher de tomber tout-à-fait sous le vent.

Observation pour les vaisseaux garde-côtes ou corsaires.

LES vaisseaux de guerre, frégates ou corsaires qui vont en croisière avec trois ou quatre mois de vivres, ont plus d'espace que les autres, puisqu'ils ne sont jamais boudés ; ainsi ils ont plus d'aisance à se tenir en assiette et à la chercher : ils ne doivent donc négliger aucun des moyens que nous proposons pour la trouver ; ils doivent même se servir de tous ceux que leur sagacité pourra leur suggérer, afin d'acquérir cette première qualité du vaisseau de guerre.

Conclusion du meilleur lestage et arrimage des vaisseaux pour les grands avantages à la mer.

Quand on fait le chargement d'un navire, il faut être persuadé que la vivacité des mouvemens du tangage et du roulis dépend non-seulement de sa forme, mais encore plus de la distribution plus ou moins avantageuse des parties pesantes de sa cargaison.

On doit d'abord chercher à modérer le tangage, parce que c'est ce qui retarde le sillage, en même temps que le mouvement fatigue extraordinairement un vaisseau et sa mâture : c'est presque toujours dans une de ces secousses qu'on voit les mâts se rompre, particulièrement quand l'avant se relève après avoir plongé.

Le roulis est proportionnellement plus grand que le tangage ; mais on ne voit que peu d'accidens arriver par ce mouvement, qui est toujours lent ; cependant il est à propos de le prévenir le plus qu'il est possible, parce que la lame vient souvent du travers, et porte le vaisseau à de très-grandes inclinaisons sur le côté. On y parviendra facilement, sans empêcher le vaisseau de bien porter la voile, en arrimant le lest, quand il est en fer, sur les empâtures des varangues de fond, parce qu'il rappellera avec moins de force le navire, lorsqu'il aura incliné, en agissant sur un point qui sera un peu éloigné tribord et bâbord plus bas que le centre de gravité du navire chargé : on observera de ne pas faire monter trop haut le lest des deux côtés du vaisseau, en remplissant l'entre-deux des premier et second plans, même du troisième, s'il est nécessaire, avec du bois, afin de l'assujétir immuable; ensuite on arrime le reste en plein, sans laisser de vide pour le bois au milieu; et lorsque tout le lest sera disposé et arrimé autour et sous le centre de gravité du vaisseau, comme nous venons de le dire, en l'étendant un peu sur l'avant et l'arrière (de 20 à 30 pieds) de ce point, en en mettant plus dans l'une ou l'autre de ces parties, pour tenir le vaisseau exactement au tirant d'eau marqué par le constructeur, on arrimera par-dessus très-solidement et à l'ordinaire la cargaison, observant de placer au fond les parties les plus pesantes et les plus capables de supporter le poids des autres que l'on doit arrimer par-dessus.

Je place le lest autour et fort près du centre de gravité du vaisseau, afin de rendre le mouvement du tangage moins rude que si le poids était éloigné sur l'avant et l'arrière de ce point.

Le vaisseau n'est jamais porté par une seule lame; lorsque la mer est un peu agitée, il y en a toujours deux ou trois qui passent dessous en même temps, à moins que ce ne soit quand la mer est extrêmement longue, que le houle vient de loin, et dans des parages fort éloignés de terre, alors il arrive que les plus grands vaisseaux sont quelquefois portés par une seule lame *.

---

* On trouve à l'est et à l'ouest du cap de Bonne-Espérance, depuis les 30° de latitude sud jusqu'au 40°, où j'ai été, des mers fort longues et fort élevées, surtout quand le vent a soufflé de

Mais dans l'une et l'autre circonstance, je dis qu'il ne
faut pas étendre le lest sur l'avant ni sur l'arrière du
centre de gravité, aussitôt que le navire est dans la parallèle de son tirant d'eau marqué pour le lest ; ce qu'il est
absolument essentiel au constructeur de bien déterminer, afin de faire caler le vaisseau en grand jusqu'au
point fixé de sa première ligne d'eau de chargement, que nous supposons être celle que le lest doit
donner.

Je vais essayer de prouver ce que j'ai avancé en sup-
posant, dans l'un et l'autre cas d'une mer longue ou
courte, que l'eau vient choquer le vaisseau de l'avant,
afin qu'il soit examiné dans les circonstances du plus
grand et du plus vif tangage, comme nous l'avons
prouvé une infinité de fois ; car dans le cas où la lame
le prend par l'arrière ou la hanche, ses mouvemens,
s'il a de la vitesse, ne sont jamais dangereux, parce
qu'en fuyant devant le houle, il se soustrait en partie à
son impulsion ; et s'il s'en trouve, malgré cela, incom-
modé, on force de voile et l'on fuit à la lame (en
terme marin) ; au lieu que dans l'autre hypothèse, le
choc de l'eau augmente sur la proue en raison du carré
de la vitesse de la lame qui vient choquer la proue ; de
sorte que l'impulsion totale de l'eau sur la partie de la
carène choquée, se trouve en raison composée de la
somme du carré de la vitesse de la lame et du carré de

---

partie de l'ouest pendant quelques jours ; je crois que plus sud
est la même chose.

la vitesse du vaisseau qui va la choquer, tandis que dans la circonstance où le vaisseau fuit la lame, la résistance de l'eau sur la proue est en raison simple du carré de la vitesse du vaisseau, moins le carré de l'excès de la vitesse de l'eau sur celle du vaisseau.

Le vaisseau dont les extrémités sont moins chargées *, étant supposé courir avec une vitesse quelconque au-devant de la lame qui vient à lui par l'avant, la choque sans contredit avec une force exprimée par la somme des deux carrés de la vitesse du vaisseau et de celle de la lame, la divise et passe au travers, en même temps qu'il est élevé par la poussée verticale de cette colonne d'eau qui lui oppose un poids plus considérable que son déplacement; la lame qui suit produit le même effet, en recevant l'avant du vaisseau qui retombe, parce que la première est déjà au milieu, d'où elle passe à l'arrière qu'elle soutient, tandis que la seconde a pris sa place au milieu, et que la troisième supporte l'avant en les suivant l'une et l'autre : ce mouvement se perpétue tant que la mer est agitée, d'où il suit que le vaisseau n'est jamais tranquille; il retombe par son propre poids aussitôt que la lame est passée, et il retombe moins vivement en raison de ce que son avant est moins pesant

---

* La cargaison qui s'arrime sur le vegre du fond en avant ou de l'arrière est moins pesante que le lest qu'on y met ordinairement, à volume égal; et, dans les vaisseaux armés en guerre, il y a toujours une grande partie des extrémités de vide ou peu chargée.

t qu'il est balancé par son centre de gravité, qui n'est
amais fort éloigné du milieu de la plus grande longueur, et où se trouve le plus grand poids; la secousse
est donc moins violente, puisqu'il choque l'eau avec
moins de masse, ce qui l'empêche de plonger autant
que s'il avait plus de pesanteur; ainsi la mâture ne souf-
re pas, et le sillage est moins retardé, la partie la plus
enflée de la proue ne se trouvant que peu exposée au
choc de l'eau.

Si le vaisseau se trouve porté par une seule lame; il
retombe encore moins bas, s'il est peu chargé en avant,
lorsqu'il n'est soutenu que par l'arrière ou le milieu; il
se relève donc plus aisément au moment que l'autre
lame vient le choquer, et la secousse est moins violente : si l'avant était plus pesant, il plongerait davantage en retombant entre les deux lames, et celle qui suc-
cède à la première pourrait se trouver fort au-dessus de
la proue (comme cela arrive tous les jours par les arrimages du lest en plein, et par le trop grand poids des
extrémités); ainsi la colonne d'eau d'en haut passerait
par-dessus en partie, parce que le poids du vaisseau
résisterait à céder à l'impulsion verticale du pied de la
lame, qui ne lui oppose pas subitement une résistance
suffisante, puisqu'il est emporté au-delà de son déplacement ordinaire par la vivacité de sa chute, occasionnée
par l'excès de sa pesanteur. Le vaisseau se trouvant arrêté tout d'un coup dans sa chute, bien au-dessus de sa
ligne d'eau de flottaison, il se fait une secousse violente en avant qui rappelle vivement toute la mâture

aussi sur l'avant, parce qu'elle s'était portée en arrière pendant le temps de la chute ; mais par ce choc il se trouve un retard momentané entre les deux mouvemens de tomber et de se redresser ; l'avant est rappelé en haut par un autre mouvement violent occasionné par un déplacement d'eau plus considérable que son poids. Ce poids, en rappelant ensuite les mâts sur l'avant avec vivacité, les compromet si souvent, qu'à la fin ils se rompent par une répétition non interrompue de 2 ou 3 minutes en 2 ou 3 minutes, qui dure souvent plus de 24 heures ; de plus cette colonne d'eau, qui passe par-dessus l'avant, le charge encore davantage, et le fait caler en total jusqu'à ce que toute l'eau soit écoulée par les sabords et les dulots de la seconde batterie ; car il arrive quelquefois que le coffre du navire est plein : alors le vaisseau, trouvant par ce nouveau poids plus de difficulté à s'élever à la lame, peut se trouver, par une récidive subite, dans le dernier péril.

OBSERVATIONS.

Toutes ces considérations bien observées dans le lestage et l'arrimage des vaisseaux, ne doivent pas dispenser de garder une certaine quantité de lest mouvant en plomb sur leurs ponts ou faux-ponts, afin de faire les expériences et les changemens que les circonstances exigeront : on observera seulement d'en garder plus ou moins selon la grandeur des bâtimens.

Si dans la totalité du lest, il y a une grande quantité en pierres ou cailloutage, on pourra arrimer le fer sur

e vaigrage en plein, sans laisser d'intervalle entre les
plans de gueuses ; ensuite ayant fait un petit lit de bois
de billettes, on arrimera le premier plan de la cargaison,
et on l'arrimera avec les pierres et cailloux, n'y mettant de bois que ce qu'il en faudra pour assujétir l'arrimage ; cette manière d'arrimer produira le même effet
que si on avait tout fer pour lest, et qu'on l'eût disposé
comme nous l'avons dit, parce que les pierres monte-
ront fort haut, et ne feront point perdre d'espace dans
l'arrimage, si ce n'est qu'il n'y entrera pas tant de bois
à feu.

Si l'on n'a que du lest de cailloux, on en fera seulement une couche d'un pied de haut, ensuite arrimant
dessus, on engravera les premier et second plans du
chargement, même le troisième, observant dans toutes
les circonstances de ne pas trop s'écarter sur l'avant ni
l'arrière du centre de gravité du vaisseau.

On peut faire une observation (dans le chargement
total) qui devrait être, selon moi, le principe de tout
arrimage ; c'est de supposer le vaisseau coupé de l'arrière à l'avant dans un certain nombre de tranches verticales, et de faire en sorte que chacune de ces tranches, y compris son poids et celui de tout ce qu'elle
contient, ne soit pas plus pesante que son déplacement
d'eau ; de cette manière, le vaisseau semble bien porté
partout sous sa charge ; mais j'ajoute à cette idée, qu'il
faut mieux, par tout ce que nous avons déjà dit, que
les tranches des extrémités déplacent plus d'eau qu'elles
ne pèsent, parce qu'étant obligées d'enfoncer dans le

fluide par leur adhérence aux tranches du milieu que l'on chargera davantage, elles seront soutenues par la poussée verticale de l'eau et empêcheront en partie la tendance que tous les vaisseaux ont à se délier dans le sens de leur longueur, en même temps qu'elles diminueront le mouvement du tangage, puisqu'elles tendront continuellement à s'élever; ainsi le sillage ne sera que peu retardé par ce mouvement qui deviendra très-lent; je regarde la chose comme susceptible d'une application très-essentielle et fort praticable dans les vaisseaux de guerre qui ont toujours une grande partie de leur cale à vide.

Réflexions sur les changemens qui se trouveront dans les qualités du vaisseau, lorsqu'il sera plus ou moins chargé en avant ou en arrière.

Si on charge le vaisseau plus sur nez, sa ligne d'eau la plus avantageuse 1 deviendra 2 (*fig.* 3), en augmentant par son renflement la résistance du fluide sur la proue, et le déplacement d'eau de l'avant, d'où il résulte une diminution de vitesse à impulsion égale de la part du vent; si au contraire on charge le vaisseau plus sur cul, la ligne d'eau 1 deviendra 3, en augmentant le déplacement d'eau de l'arrière, et diminuant la résistance du fluide sur la proue, puisque la ligne d'eau devient plus douce, d'où il résulterait une augmentation de vitesse à impulsion égale de la part du vent; mais il faut faire attention que l'arrière de la carène, n plongeant davantage par ce second mouvement, résente au cours de l'eau, très-obliquement à la vé-ité, une plus grande partie de sa surface submergée, e qui pourrait devenir équivalent à peu près à ce que on gagne de l'autre côté. Une autre considération lus secrète, et qui certainement est un obstacle à la apidité du sillage, c'est que le point vélique, dans le remier cas, monte, puisqu'en plongeant davantage, a proue se présente plus directement au fluide, tandis ue le centre d'effort des voiles reste à la même éléva-on, d'où il suit, dans la circonstance rare de la mâ-ure parfaite, que le vaisseau n'a plus assez de voilure, uisque l'impulsion de l'eau sur la proue a augmenté, n élevant la direction de son effort absolu, en même emps que le centre de gravité du navire a aussi changé e place, en s'approchant un peu de l'avant de C en B. l en résulte une plus grande puissance aux voiles de l'ar-ière pour faire venir le vaisseau au vent, pendant que e gouvernail, en sortant un peu de l'eau, perd de son ffet, de sorte que le vaisseau peut devenir très-ardent t obligé d'avoir presque toujours sa barre au vent, en résentant continuellement une grande partie de la sur-ace du gouvernail au cours de l'eau, ce qui devient ncore une cause de diminution de vitesse : la vérité de es conséquences m'a toujours été confirmée par l'ex-érience, dans le cas où des vaisseaux passablement onstruits ont été trop calés sur l'avant.

Lorsque le vaisseau se trouve trop chargé sur l'ar-ière, il en résulte des effets tout contraires; le point vélique baisse parce que la proue, en sortant de l'eau, se présente plus obliquement au fluide, et la direction de l'impulsion absolue sur la proue coupant la verticale au centre de gravité de la surface de flottaison (qui a changé ainsi que celui du vaisseau, un peu plus ou un peu moins, en s'approchant de l'arrière de C en A) montre le point vélique bien au-dessous du centre d'effort des voiles. Le vaisseau se trouvant alors trop de voilure, incline facilement sur le côté, et diminue par conséquent sa disposition la plus avantageuse pour diviser le fluide, en même temps que les voiles d'avant acquièrent plus de puissance, à cause de leur position plus éloignée du centre de gravité : ainsi le navire devient lâche, et on est obligé de se servir continuellement du gouvernail et des voiles de l'arrière pour le rappeler au vent : c'est encore ce qui m'a été confirmé par l'expérience.

Ces observations ne sont sensibles, dans les grands vaisseaux, que lorsque la différence de leur tirant d'eau le plus favorable est au-dessus de six pouces ; car la plupart du temps, si elle est au-dessous, il ne se fait pas un grand changement dans les qualités du navire.

Il résulte de tout ce que nous venons d'expliquer, qu'il n'y a qu'une seule ligne d'eau favorable pour la plus grande vitesse du vaisseau, de quelque figure qu'il soit, et cette ligne d'eau doit être connue et déterminée par le calcul du plan pour la plus avantageuse de toutes celles qu'on peut lui donner sous charge. C'est aux constructeurs à la déterminer même avant de mettre le

isseau sur chantier ; car c'est celle qui doit aussi leur
rvir pour fixer le plus ou le moins d'élévation de mâ-
re , en déterminant le centre d'effort des voiles à la
auteur du point vélique donné par la ligne d'eau la
us avantageuse de la carène sous charge, pour bien
ouverner, marcher, et porter la voile dans les routes
bliques.

J'observe que quand je dis vaisseaux sous charge, je
ppose le vaisseau de guerre armé et prêt à faire voile
ur combattre, et le vaisseau marchand dans le même
s sous cargaison complète.

Les vaisseaux, jusqu'à présent, n'ont jamais été mâ-
s aussi parfaitement qu'ils auraient pu l'être, puisque
s constructeurs se sont, pour ainsi dire, fait une loi
e s'écarter de plus en plus des vrais principes, en éle-
nt, dans ces derniers temps, la mâture plus qu'elle
e l'avait encore été, quoiqu'elle fût déjà trop haute ;
nsi le centre d'effort des voiles a constamment été
a-dessus du point vélique , ce qui fait qu'on a vu quel-
uefois des vaisseaux avoir plus d'avantage lorsqu'ils ont
é plus chargés sur le nez que ne le demandait leur
eilleure ligne d'eau de vitesse en charge; mais nous
ommes en état, par le transport d'une partie du lest
ouvant de l'avant à l'arrière, de faire baisser ou mon-
r le point vélique de quelque chose; ainsi on peut
ouver une position plus avantageuse pour la marche ,
ns l'état actuel de la mâture, que celle que devrait
aturellement avoir le vaisseau s'il était bien mâté ; car
pourra se faire qu'elle soit plus analogue à sa mâture

actuelle, que sa vraie position, dans le cas où il serait mâté parfaitement, ne le serait avec les mâts trop élevés qu'on lui donne toujours, d'où il résulte que le vaisseau n'est pas, à beaucoup près, dans son état de perfection, quelque bien chargé qu'il soit.

Il ne reste plus qu'à voir les constructeurs se donner la peine, dans la suite, de chercher, ce qui n'est pas difficile, la ligne d'eau de flottaison la plus avantageuse pour allier et déterminer toutes les qualités des vaisseaux qu'ils construiront; ensuite qu'ils aient le courage de mettre tout préjugé de routine à part, en mâtant selon le point vélique de cette ligne d'eau, disposant en même temps l'effort latéral des voiles en équilibre exact autour du point où l'impulsion de l'eau sur la proue coupe l'axe du vaisseau dans la route oblique; et nous aurons certainement des vaisseaux qui, par ces dispositions favorables de la mâture parfaite, et celles que l'on pourra donner à leurs arrimages, seront dans l'assiette de leur plus grande vitesse, que l'on trouvera, à ce que je présume, bien au-delà de ce que nous pouvons avoir vu jusqu'à présent, à coupe de carène égale et semblable.

J'ajoute que, comme les qualités du navire ne dépendent pas seulement de la perfection de sa mâture et de son chargement, il faut encore lui procurer la durée *, en lui donnant une forme qui, en divisant bien

---

* La durée des vaisseaux doit être un objet principal du constructeur; les vaisseaux que l'on construit aujourd'hui ne

e fluide, le rende doux à la mer, en même temps qu'on
e rendra solide par la force de sa charpente ; c'est-à-
dire, qu'il tanguera peu, et sa mâture ne fatiguera pas,
non plus que ses liaisons bien placées ; si son mouvement est doux, son sillage ne sera point interrompu, et
sa vitesse sera uniforme alors, ce qui est le but du bon
arrimage et de ce que je me suis proposé dans cet ouvrage.

*Objection à la méthode que je prescris pour la
meilleure façon d'arrimer les vaisseaux.*

L ES extrémités du vaisseau étant plus légères que
leur déplacement d'eau, tendront continuellement à
s'élever ; ainsi la lame pourra les mettre en mouvement
avec plus de facilité, et les élever davantage par son impulsion, ce qui fera augmenter considérablement la vivacité et la secousse du tangage, parce qu'elles tomberont
de plus haut.

Cette objection, qui m'a été faite par un marin consommé, tombe cependant d'elle-même ou je me trom-
pe fort ; car les deux extrémités du vaisseau doivent
être également légères, et déplacer un plus grand vo-

---

passent pas huit ans sans être refondus, et il en coûte autant
que pour en faire de neufs. On s'est faussement imaginé que la
légèreté prouvait la plus grande vitesse ; sans faire attention que
c'est la coupe la plus savante et la plus propre à diviser le fluide
et à rendre le vaisseau doux dans ses mouvemens, quelque solide qu'il soit.

lume d'eau que leur poids selon notre principe ; ainsi elles tendront l'une et l'autre à s'élever par la poussée verticale qui agit continuellement ; de sorte que quand le choc de la lame viendra ajouter son effort à cette disposition continuelle à s'élever , l'autre partie , qui ne sera pas choquée, résistera de plus en plus à plonger, et s'opposera par conséquent à l'élévation de la partie sur laquelle la lame agit ; ainsi l'avant ne cédera pas avec plus de facilité que s'il était plus pesant ; mais supposons qu'il s'élève effectivement plus haut, il doit retomber dans ce cas avec plus de vitesse, mais la masse est moindre ; d'où il est aisé de conclure que le moment de cette partie plus élevée est moindre que celui qu'elle produirait si elle retombait de moins haut avec plus de masse. Toutes choses sont à peu près égales jusqu'à présent ; mais je trouve ensuite plus d'avantage à rendre les extrémités légères, dans le cas où un coup de mer de l'avant passe par-dessus le vaisseau ; car alors la tendance des extrémités à s'élever servira, dans cet instant critique, à débarrasser le vaisseau de dessous la colonne d'eau qui le surcharge, ce qu'il ne pourra jamais faire avec autant de promptitude, si ses extrémités sont plus pesantes que leur déplacement d'eau. Un auteur a avancé néanmoins que cela devait être ; mais c'est d'après d'autres principes que je ne trouve pas convaincans.

MÉMOIRE

SUR

L'ARRIMAGE DES VAISSEAUX;

Par M. Groignard, constructeur en chef des vais-
seaux du roi et de la compagnie des Indes, au
port de l'Orient.

L'OBJET de ce mémoire étant des plus intéressans, et
devant être à la portée de tous les marins, j'essaierai
de le traiter de la façon la plus simple et la plus praticable, et de le rendre aussi utile à la marine royale
qu'à celle de la compagnie des Indes et des marchands.
Ce mémoire est divisé en trois chapitres.

Le premier traite des méthodes usitées dans les
ports, pour lester ou arrimer les vaisseaux de toutes
sortes de grandeur, et de différentes espèces;

Le second, des poids et de la distribution des matières qu'on emploie, et de l'effet qu'elles produisent
sur le sillage, sur les lignes d'eau, sur les propriétés de
bien gouverner, de bien porter la voile, d'être doux à
la mer, et sur les autres qualités d'un vaisseau;

Le troisième, des inconvéniens de ces méthodes et
des remèdes qu'on pourrait y apporter.

CHAPITRE PREMIER.

*Des méthodes usitées dans les ports pour arrimer et
lester les vaisseaux de toutes sortes de grandeurs
et de différentes espèces.*

Arrimer un vaisseau, c'est le charger, ou placer
dans sa cale, dans ses soutes, entre-ponts et gaillards
les différentes matières ou effets qu'exigent son espèce
et sa destination.

Comme ces effets peuvent être plus ou moins
pesans relativement à la capacité ou au déplacement
d'eau du vaisseau, et plus ou moins avantageusement
placés relativement à sa stabilité, on se sert de lest,
ou de matières plus ou moins pesantes, comme la
pierre, le fer ou le plomb, pour augmenter le déplacement ou la stabilité, et c'est ce qu'on appelle lester
un vaisseau.

L'arrimage et le lestage des vaisseaux doit donc varier
suivant leurs espèces et leurs destinations. On ne fini-
rait pas si on voulait entreprendre de détailler toutes
les espèces de vaisseaux et les différens arrimages
qu'exigeraient leurs différens armemens.

Je me bornerai à parler des espèces de vaisseaux les
plus connues, les plus en usage, et les plus nécessaires
au service du roi, de la compagnie des Indes et des

marchands, et je donnerai pour ces espèces de vais-seaux des principes applicables à toutes les autres.

De l'arrimage des vaisseaux de guerre.

JE prends pour exemple un vaisseau de soixante-qua-torze canons.

La cale.

L'ARRIMAGE des vaisseaux de guerre est le plus connu, et celui qui peut le moins varier, parce que chaque chose y est toujours la même, et à sa même place dis-tincte.

Dans la partie la plus basse du vaisseau que l'on ap-pelle la cale, sont à peu près sur le même plan, et suc-cessivement à commencer par l'arrière ou l'étambot jus-ques en avant ou l'étrave :

1°. Les coffres et la soute aux poudres ; cette soute occupe à peu près un espace de 5 à 6 pieds de hau-teur et de 41 pieds de longueur à prendre du dehors de l'étambot : elle doit contenir, en barils et en gargousses, la quantité de poudres nécessaires pour fournir au moins soixante coups pour chaque canon ; cette soute est terminée par deux cloisons à un pied de distance l'une de l'autre ; et cet intervalle, entre les deux cloi-sons, est ordinairement rempli de sable ou de terre pour préserver les poudres du feu ou de l'humidité voi-sine ;

2°. Sur l'avant, et joignant la soute aux poudres, est la cave du capitaine, de 8 à 9 pieds de hauteur et 5 à 6 pieds de longueur : cette cave doit contenir la quantité de vin nécessaire à la table du capitaine pour six à sept mois de campagne ; elle est terminée par une simple cloison qui prend tout le travers ou la largeur du vaisseau ;

3°. La cale au vin et provisions de l'équipage, de 8 à 9 pieds de hauteur, et 24 à 26 pieds de longueur. Cette cale ou cave doit contenir le vin et partie des provisions de l'équipage pour six à sept mois de campagne ; elle est terminée par une cloison joignant l'archipompe, et sur l'avant, et à peu près de la grandeur de l'archipompe, est le parquet ou coffre aux boulets. Ce coffre, monté jusqu'à la hauteur du faux-pont, est divisé par cases et doit contenir tous les boulets de différens calibres, à l'exception de ceux que l'on met dans de petits parquets entre les batteries, pour les avoir sous la main. On embarque la quantité de boulets pour au moins soixante coups par canon ;

4°. La cale à eau, de 8 à 9 pieds de hauteur, et de 48 à 50 pieds de longueur ; elle doit contenir, en pièces de quatre, de trois, de deux et d'une barrique, la quantité d'eau pour deux mois et demi ou trois mois au plus, à raison d'une barrique par jour pour cent hommes. Il ne serait pas possible d'en prendre davantage sans trop charger le vaisseau, et l'on renouvelle cette eau dans les relâches. Cette cale à eau est terminée par une simple cloison en travers du vaisseau ;

5°. La fosse aux câbles, de 8 à 9 pieds de hauteur, et de 22 à 24 pieds de longueur : elle doit contenir tous les câbles, greslins, aussières, etc., nécessaires à l'armement et au rechange du vaisseau ;

6°. En avant de la cloison de la fosse aux câbles, et vis-à-vis du mât de misaine, sont deux petits coffres à poudre qui se terminent sur l'extrémité ou sur l'avant du vaisseau ; l'on y met, dans un combat, des gargousses pour accélérer le service des canons de l'avant.

Le lest se place dans la cale au-dessous des pièces à eau, à vin et des câbles.

Le faux-pont.

Au-dessus et à la longueur des soutes à poudre est un plancher ou plate-forme sur laquelle sont établis le rechange du maître canonnier, de 5 à 6 pieds de longueur, et cinq soutes à pain, dont une en travers du vaisseau sur l'arrière, et deux de chaque côté séparées par un courroir suivant la longueur du vaisseau, pour communiquer de l'une à l'autre, et pouvoir descendre dans la soute aux poudres, au moyen de deux écoutilles pratiquées sur ce plancher, l'une en avant et l'autre en arrière de l'archipompe d'artimon. Ces soutes à pain contiennent la quantité de biscuit nécessaire à l'équipage.

Au-dessus et à la longueur de la cave du capitaine et de la cave au vin de l'équipage, est un plancher sur lequel sont établies plusieurs soutes à grains et à légumes, séparées par un grand courroir au milieu, pour pouvoir, au moyen de deux écoutilles, descendre dans la cave du capitaine et dans la cave au vin.

 PRINCIPES

C'est sur ce plancher, que l'on appelle la plate-forme du maître valet, que se fait la distribution journalière des vivres, et c'est dans ces soutes, divisées en plusieurs compartimens, que sont placés les provisions, légumes et grains du capitaine et du commis.

Au-dessus et à la longueur de la cale à eau, est un plancher volant ou couvert de planches levatis, sur lequel on établit les soutes du chirurgien, du pilote, du charpentier, le théâtre des malades ou blessés dans un combat, et la soute à voiles, de 5 à 6 pieds de longueur, tout en travers du vaisseau, et joignant la cloison de la fosse aux câbles.

Au-dessus et à la longueur de la fosse aux câbles et coffres à poudre de l'avant, sont la plate-forme du câble d'affourche, la fosse aux lions, et quelques soutes pour les rechanges des maîtres d'équipage, calfats, etc., et pour des grains.

Tous ces différens planchers, joints ensemble et prolongés depuis l'avant jusqu'à l'arrière du vaisseau, à l'exception du plancher des soutes à pain, qui est deux à trois pieds plus bas que tous les autres, forment ce qu'on appelle le *faux-pont*. Tout autour de ce faux-pont, à trois pieds de distance du bord, règne un espace vide ou galeries, pour voir, dans un combat, les boulets qui pourraient percer le vaisseau à fleur d'eau, et boucher les trous des boulets avec des tapons de calibre.

Le premier pont.

A cinq pieds et demi de hauteur, au-dessus du faux-pont, sous poutre ou sous baux, est un autre plancher, prolongé depuis l'arrière jusqu'à l'avant du vaisseau, que l'on appelle le premier pont.

Sur ce premier pont, à commencer par l'arrière, est la sainte-barbe, de 24 à 25 pieds de longueur, terminée par une cloison que l'on peut démonter dans un combat.

Dans la sainte-barbe sont établis de chaque côté les chambres de l'écrivain et du maître canonnier, et les lits du chirurgien, de l'aumônier, etc.

Depuis la cloison de la sainte-barbe jusqu'en avant du vaisseau, sont établis le cabestan, le four, le parc à moutons, les bittes, la gatte ou compartiment pour recevoir les eaux qui entrent par les écubiers, et tous les lits ou hamacs des matelots suspendus au-dessous des baux ou poutres du second pont.

Ce premier pont est percé de plusieurs trous, écoutilles ou panneaux, de grandeur convenable pour pouvoir descendre sur les différens planchers ou compartimens du faux-pont, et y embarquer les pièces de quatre ou autres effets qui doivent être placés dans ces compartimens ou dans la cale.

C'est ce premier pont qui porte le poids immense de la première batterie de 28 canons de 36, montés sur leurs affûts, avec palans et ustensiles nécessaires.

Le second pont.

Sur le second pont, à commencer par l'arrière, est la grande chambre ou salle à manger, de 20 à 22 pieds de longueur, terminée par une cloison qui peut se démonter dans un combat; dans la grande chambre joignant cette cloison, et de chaque côté du vaisseau, sont pratiquées quatre ou six chambres en toile, qui peuvent aussi se démonter.

En avant de cette grande chambre est le poste des gardes de la marine, l'office, la boucherie; et, sur le même pont, sous le gaillard d'avant, sont les cuisines, les potagers, et un petit four pour la table du capitaine.

C'est le second pont qui porte le poids de la seconde batterie de 30 canons de 18 livres, de la chaloupe, canots et mâts de hune de rechange, que l'on place ordinairement entre les deux gaillards.

La hauteur du premier au second pont, ou de l'*entre-pont*, pour un vaisseau de 74 canons, est de 5 pieds 8 à 10 pouces, sous bau ou sous poutre au milieu.

Les gaillards.

A cinq pieds 6 à 8 pouces au-dessus du second pont sous poutre, est, sur l'arrière du vaisseau, un plancher de 80 à 85 pieds de longueur, qu'on appelle le *gaillard d'arrière*, qui est prolongé jusque sur l'avant du grand mât; et sur l'avant du vaisseau est un autre plancher à

eu près de même hauteur, de 40 à 42 pieds de longueur, qu'on nomme le *gaillard d'avant*.

Sur le gaillard d'arrière sont établies la chambre de
conseil ou de parade, de 18 pieds de longueur; et en
avant de cette chambre de conseil, et de chaque côté du
vaisseau, six chambres pour le capitaine et les cinq
premiers officiers; entre ces chambres, et sur l'arrière
du mât d'artimon, est la roue du gouvernail, et l'habi-
tacle où sont les boussoles ou compas de route.

En avant du mât d'artimon, sur le gaillard d'arrière,
sont au milieu les cages à poules et à dindes, et, sur les
côtés, 10 canons de huit livres.

Sur le gaillard d'avant sont le petit cabestan, les bos-
soirs qui supportent les ancres et six canons de 8 livres.

La dunette.

A CINQ pieds huit pouces ou six pieds au-dessus du
gaillard d'arrière, sous poutre ou sous barrot, est un
plancher de 35 pieds de longueur, prolongé jusques en
avant du mât d'artimon, sur lequel sont établies, sur
l'arrière et de chaque côté, quatre cabanes de 4 pieds de
hauteur et 6 pieds de longueur chacune, pour le loge-
ment des maîtres et pilotes; en avant de ces cabanes
sont des cages à poules.

C'est sur cette dunette, qui est l'endroit le plus
élevé du vaisseau, qu'on établit la mousqueterie dans
un combat.

Le détail que je viens de faire des emménagemens

ou distributions des différentes parties de la cale, du faux-pont, entrepont, etc., d'un vaisseau de guerre de 74 canons, peut convenir également aux vaisseaux du roi de tous les rangs, en imaginant ces distributions relatives à la différente grandeur des vaisseaux, et même des frégates qui n'ont qu'un pont, une batterie et une dunette de moins que les vaisseaux, et qui d'ailleurs sont également emménagées, à peu de chose près.

On trouvera dans les différens traités de construction, dictionnaires de marine, et surtout dans le traité de M. Duhamel, des plans et coupes de différens vaisseaux de guerre, frégates et flûtes, qui représentent les emménagemens et distributions de ces bâtimens, que j'ai cru inutile de retracer ici.

D'après ce que je viens de dire des emménagemens et des distributions des différentes parties d'un vaisseau de guerre, etc., l'arrimage des vaisseaux et frégates du roi doit paraître d'autant plus aisé, que chaque chose a sa place distincte, et que chaque place est plus grande à proportion, que ce qu'elle doit contenir.

Cela serait exactement vrai s'il n'était question, pour faire un bon arrimage, que de placer ce que le vaisseau doit porter : cette condition n'est pas la plus difficile à remplir; il faut qu'un vaisseau de guerre tout chargé ou arrimé ait de la batterie, porte bien la voile, marche bien, gouverne bien, ait les mouvemens doux, et tout cela dépend beaucoup de la quantité, de l'espèce et de la position de son lest, qui est la seule chose qui paraisse indéterminée et la plus nécessaire à l'arrimage.

'un vaisseau de guerre; elle demande les plus sérieuses
ombinaisons, puisque c'est de là que dépendent tou-
es ses bonnes qualités. C'est ce qui fera le sujet du se-
ond chapitre. Je me bornerai à dire dans celui-ci que
a bonne façon d'arrimer un vaisseau de guerre, est de
ui donner la quantité et l'espèce de lest proportionnées
 sa capacité ou déplacement, et à sa stabilité, et de dis-
ribuer ce lest de façon que chaque chose à embarquer
ise à la place que j'ai ci-dessus désignée, le vaisseau
u la frégate soit au tirant d'eau, ait la hauteur de la
atterie proposée, et toutes les autres qualités que l'on
eut en attendre.

Comme il est très-difficile de rencontrer au juste ce
rant d'eau, ou l'assiette du vaisseau, surtout à ceux qui
'ont pas encore navigué, on conserve une certaine
uantité de lest portatif que l'on place après l'arrimage,
ur l'avant ou sur l'arrière du vaisseau, dans des endroits
ue l'on ménage exprès dans la cale, afin de pouvoir,
u moyen de ce nouveau lest, corriger la différence du
irant d'eau. On peut aussi faire déplacer quelques fu-
ailles dans la cale à eau, qui n'est jamais pleine, si ce
est portatif ne suffit pas pour mettre le vaisseau en
ssiette.

De l'arrimage des vaisseaux de la compagnie des Indes.

LA compagnie des Indes a trois espèces de vaisseaux
relatifs à ses objets de commerce.

Les vaisseaux pour l'Ile de France, Pondichéry, etc.,

peuvent être du port de 1200 tonneaux, sans comprendre le poids de leur coque, et de la force des vaisseaux du roi de 64 canons.

Les vaisseaux pour la Chine sont de 900 tonneaux, et à peu près de la grandeur et de la force des vaisseaux de 50 canons.

Ceux pour Bengale ou pour la côte, sont de 600 tonneaux, et à peu près de la grandeur et de la force d'une frégate de 26 canons ; l'objet des vaisseaux de la compagnie étant de porter et rapporter des provisions et autres munitions et marchandises relatives à son commerce, le chargement de ces vaisseaux varie suivant les besoins et les denrées des colonies ; soit en partant de l'Orient, soit en revenant des différens lieux d'où ils rapportent des marchandises différentes.

Ces trois espèces de vaisseaux sont différemment emménagés que ceux de guerre, seulement dans leur cale et dans leur entre-pont.

Il n'y a dans leur cale sur l'arrière, qu'une petite soute à poudre et au-dessus des soutes à pain ; et sur l'avant qu'une cale à eau. Ces soutes et cette cale à eau, qui n'occupent, pour ainsi dire, que la partie irrégulière des façons de l'arrière et de l'avant du vaisseau, n'ont que la longueur strictement nécessaire pour contenir la poudre, le biscuit, et l'eau pour trois mois à un équipage bien moins nombreux qu'aux vaisseaux du roi : ces vaisseaux portent ordinairement des vivres pour 18 mois que dure leur campagne.

On a jugé à propos de placer la cale à eau sur l'avant

ces vaisseaux, parce que cette partie étant plus ex-
sée aux égouts, aux voies d'eau, et à l'humidité, et
ne figure très-irrégulière, est moins propre à l'arri-
ge et à la conservation des marchandises légères et
écieuses, et que la cale à eau placée comme dans les
sseaux de guerre, au milieu de la longueur de la
e et de ces mêmes marchandises, leur communi-
erait de l'humidité, etc.

Ces raisons ont prévalu sur les inconvéniens qui ré-
tent de la position de la cale à eau sur l'étrave où
l'avant du vaisseau. Le poids immense de cette eau
id à faire plonger et à délier cette partie, et rend les
ouvemens de tangage fort durs : on est en même temps
igé de mettre beaucoup de lest de fer, où les effets
plus lourds, sur la partie de l'arrière du vaisseau,
ur balancer le poids de la cale à eau sur l'avant, qui
nt à celui des cambuses, des ancres, mât de misaine,
baupré, etc., ne peut que contribuer à faire promp-
nent arquer, et délier ces vaisseaux.

L'espace immense de la cale, compris entre la cloi-
n des soutes à pain, et celle de la cale à eau, est or-
nairement occupé par cent ou cent cinquante ton-
aux de lest de fer et de pierres, ou fer de cargaison.
r ce lest de fer et de pierre, sont établis deux ou
is plans de futailles ou pièces de deux remplies de
férens vins et eau-de-vie, et tous ces plans sont pro-
gés ordinairement depuis la cloison de la cale à eau,
squ'à la distance de 8 à 12 pieds de la cloison des
utes à pain et à poudre; l'on met dans ce vide de 8

à 12 pieds, du charbon-de-terre, et au-dessus du charbon-de-terre, jusqu'à la hauteur du pont, de la poudre
en barils pour les colonies, que l'on masque avec des
pièces de toile à voile.

Au-dessus de ces plans de vin et eau-de-vie, on met
d'abord joignant la cloison de la cale à eau, en venant
sur l'arrière, des barils de brai, goudron, cordages,
caisses d'armes, d'habillemens de troupes, toiles et autres effets relatifs aux besoins et commerce des colonies, et l'on finit de remplir et de bonder la cale avec
des farines ou autres effets les plus légers.

Il n'y a point de faux-pont dans les vaisseaux de la
compagnie, mais seulement quelques barrots ou poutres dans la cale environ à cinq pieds au-dessous du
premier pont, sur lesquels on place quelquefois des
mâts bruts pour servir aux vaisseaux dans les colonies,
et pour pouvoir faire entrer et sortir ces mâts, on pratique, à peu près à la hauteur de ces barrots, dans l'ar-
casse ou sur l'arrière du vaisseau, un sabord de charge
et un courroir entre les soutes à pain, du côté où est
placé ce sabord.

Sur le premier pont des vaisseaux de la Compagnie,
est, comme aux vaisseaux du roi, la sainte-barbe avec
les chambres de l'écrivain, du maître canonnier, les
lits du chirurgien, de l'aumônier, etc. Mais comme la
cale de ces vaisseaux n'est presque occupée que des effets de cargaison, on est obligé de se servir de ce premier pont pour mettre les vivres qui ne peuvent être
placés dans la cale; ainsi, en avant de la sainte-barbe,

ont pratiquées, au milieu du vaisseau, des soutes à grain
t à légumes. Il y a aussi un parc à moutons, à double
tage pour de plus longues campagnes, et tout en
vant du vaisseau, et au-dessus de la cale à eau, sont
les cambuses ou soutes pour les provisions du capi-
aine, du commis, pour la distribution journalière des
ivres ; les soutes des maîtres charpentiers, calfats,
naîtres d'équipage, le poste du chirurgien, des mala-
les, etc., sont aussi sur ce premier pont.

Le reste de ce premier pont est ordinairement rem-
li de barils de farine, des coffres et hardes des équi-
ages, des voiles, des câbles, cordages, etc., parce
qu'il n'y a point de canons ou de première baterie, quand ces vaisseaux ne sont point armés en
guerre.

Le second pont, gaillards et dunettes de ces vaisseaux sont à peu près emménagés comme les vaisseaux
du roi, à cela près, que tout est, à proportion, plus
esserré, plus multiplié, et relatif aux plus longues
campagnes, et que le cabestan et les écubiers sont éta-
lis sur le second pont.

On voit, par ce que je viens de dire de l'arrimage des
vaisseaux de la compagnie, que ces trois espèces de bâtimens, en partant de Lorient, doivent toujours être
très-chargés et submergés, parce que les effets qui
composent leur arrimage sont très-lourds, et remplis-
sent toujours tout l'espace de leur cale et de leur entre-
pont, espace que l'on rend d'autant plus considérable,
qu'il ne doit contenir, au retour des mêmes vaisseaux,

que des marchandises légères, et d'un grand volume, comme le thé, le café, le poivre, le coton, etc.

La construction des vaisseaux de la compagnie, demande donc plus de combinaison que celle des vaisseaux de guerre, puisqu'ils doivent être faits de façon à pouvoir être chargés de marchandises lourdes pour l'approvisionnement des colonies, et à rapporter beaucoup de marchandises légères pour augmenter les profits et dédommager la compagnie de leur armement; l'arrimage de ces vaisseaux demande aussi plus de combinaison dans ces différens cas.

Pour bien arrimer un vaisseau de la compagnie partant de Lorient, chargé de marchandises ou effets très-lourds, il faut combiner les différentes parties qui doivent composer son chargement, éloigner des extrémités du vaisseau les effets les plus lourds qui n'ont point de place décidée, les placer le plus bas qu'il est possible, pour baisser le centre de gravité, et diminuer d'autant la quantité de lest qu'on est obligé de donner à ce vaisseau pour lui faire porter la voile, et le mettre en assiette ou en différence; parce que ce lest est un poids inutile qui ne sert qu'à augmenter le déplacement d'eau du vaisseau, la résistance du fluide, et à tenir la place d'autres effets beaucoup plus nécessaires que l'on pourrait porter.

On peut aussi diminuer la quantité et le volume du lest, en augmentant sa pesanteur spécifique, et pour de pareils vaisseaux, le lest de fer et de plomb doit être préféré au lest de pierre.

Pour bien arrimer ce même vaisseau venant de la Chine, où les marchandises occupent à proportion beaucoup plus de place qu'elles ne pèsent, on ne saurait avoir trop d'attention à ne point perdre de terrain ; pour cet effet les Chinois font des caisses de thé de différentes grandeurs et figures relatives à la courbure des côtés du vaisseau ; et après avoir mis dans le fond la quantité de lest de fer, de pierre, et de caisses de porcelaines nécessaires pour suppléer au défaut de la pesanteur du thé, et pour faire un grenier ou une plateforme assez élevée pour empêcher que l'eau ou l'humidité ne se communique au thé, on remplit exactement de plusieurs rangs de caisses de thé, de hauteurs et figures convenables, toute la cale du vaisseau, depuis la cloison des soutes à pain et à poudre, jusqu'à la cloison de la cale à eau, que l'on diminue le plus qu'il est possible.

On a attention, avant d'arrimer le thé, de faire calfater la cloison de la cale à eau, de la tapisser de nattes, ainsi que les côtés du vaisseau, et l'on prend toutes les précautions nécessaires pour empêcher les égouts et l'humidité.

On remplit aussi de caisses de thé la partie de l'entrepont comprise entre la sainte-barbe et les environs de l'archipompe.

On arrime à peu près de la même façon les vaisseaux de la compagnie chargés de café, et autres marchandises légères ; c'est-à-dire, que, pour bien arrimer ces vaisseaux, il faut proportionner la quantité et l'espèce du lest à la pesanteur spécifique des matières qui composent leur chargement, et à la stabilité qui leur est nécessaire, et distribuer ce lest relativement à l'assiette de ces vaisseaux.

De l'arrimage des vaisseaux marchands.

Les vaisseaux marchands sont à peu près emménagés comme les vaisseaux de la compagnie.

L'arrimage ou le chargement des vaisseaux marchands est relatif à l'objet de leur destination et de leur commerce.

On porte chez l'étranger les denrées du pays, et l'on rapporte celles de l'étranger : il est de l'intérêt des armateurs de porter et de rapporter le plus qu'il est possible, pour diminuer les frais de transport ; l'on ne peut rien ajouter à l'expérience et à l'attention qu'ont les arrimeurs des différens ports marchands pour tirer parti de l'espace de la cale et de l'entre-pont des vaisseaux faits, pour ainsi dire, pour l'objet du commerce de chaque pays : ceux destinés pour porter des effets de grandeur connue, ont une longueur et hauteur de cale et entre-pont proportionnées, pour loger, comme dans un coffre, une certaine quantité de rangs les uns sur les autres : par exemple, de barriques de sucre, de jarres d'huile, de balles de café, etc.

En général, tous ces arrimages n'ont rien de recherché, puisqu'il n'est question que d'entasser pièces sur pièces, avec le plus de précision et d'attention ; surtout

rsque ces pièces ne sont pas susceptibles de pression,
mme le sont les balles de laine, de coton, etc.

L'arrimage de ces marchandises, susceptibles de
ression, qu'on appelle estiver à *grillou* ou à *traou*,
emande plus d'attention, de précision, est moins or-
inaire, et mérite d'être cité.

Pour arrimer ou estiver à *grillou*, on garnit les balles en
essus et en dessous de languettes ou coins de bois fort
rges; on fait prendre à ces balles, sous un pressoir avec
s mêmes languettes que l'on arrête, la forme d'un coin:
n introduit ensuite ces balles, ainsi formées en
in, avec ces languettes, entre les rangs de celles
ui ont d'abord été rangées successivement dans la cale
entassées jusqu'à la hauteur du pont; de façon que
r un rang de six balles de hauteur, on introduit cinq
tres balles pressées en coin, au moyen du traou ou
élier que l'on pousse avec différentes manœuvres frap-
ées au cabestan; et quand ces balles, ainsi pressées,
nt été introduites à force entre les autres, on retire les
nguettes au moyen d'une manœuvre frappée à chaque
out de ces languettes, et virée au cabestan. On fait
ntrer, par ce moyen, 1000 à 1100 balles dans la cale
t entrepont d'un vaisseau, qui n'en auraient contenu
ue 600. Cette façon d'arrimer est très-ingénieuse et
emande beaucoup plus de temps et d'attention; mais
us ces arrimages des vaisseaux marchands exigent
oins de théorie que ceux des vaisseaux du roi et de
compagnie des Indes, parce qu'on n'a en vue que de
ire porter aux vaisseaux marchands le plus qu'il est

possible, sans faire attention aux inconvéniens qui peuvent en résulter par rapport aux qualités de ces vaisseaux, qui, faits au hasard, et par des charpentiers ou constructeurs ignorans, ne peuvent qu'être très-mauvais voiliers, et être arrimés au hasard. Ce n'est que la pratique qui a fait connaître à peu près la figure et la façon d'arrimer ces vaisseaux pour leur faire passablement porter la voile avec les chargemens connus, et toujours les mêmes, pour lesquels ils sont construits. Mais si l'on avait à arrimer des vaisseaux marchands faits par d'habiles constructeurs, dont on connaîtrait les capacités, la stabilité et le tirant d'eau ou l'assiette, tout ce que j'ai dit au sujet des différentes façons d'arrimer les vaisseaux de la compagnie des Indes, suffirait pour le bon arrimage de ces bons vaisseaux marchands, qui seraient aussi utiles au commerce qu'à l'état.

CHAPITRE II.

Du poids et de la distribution des matières qu'on emploie dans l'arrimage des vaisseaux ; et de l'effet qu'elles produisent sur le sillage, sur les lignes d'eau, sur les propriétés de bien gouverner, de bien porter la voile, d'être doux à la mer, et sur les autres qualités du vaisseau.

Le poids des matières qu'on emploie dans l'arrimage des vaisseaux de guerre, de la compagnie des Indes et des marchands, etc., doit toujours être égal à la capacité ou au déplacement d'eau du vaisseau; ainsi, pour connaître d'avance le poids de ces matières, il faut connaître le déplacement d'eau auquel il doit être comparé.

La figure de la carène ou de la partie du vaisseau qui entre dans l'eau étant très-irrégulière, on la divise en plusieurs tranches. On réduit ensuite en pieds cubes la solidité de chaque tranche supposée homogène, et on ajoute ensemble la somme des pieds cubes de toutes les tranches, pour avoir la solidité entière de la carène ou de la partie submergée du vaisseau, supposée homogène.

Cette solidité entière de la carène est précisément égale au volume d'eau dont elle occupe la place, et au poids de ce volume d'eau, parce qu'il est démontré que tout corps flottant déplace un volume d'eau précisément égal à son poids; ainsi, connaissant la solidité de la carène, ou la quantité de pieds cubes d'eau qu'elle a déplacée, on connaîtra leur poids en les multipliant par celui du pied cube d'eau de mer, qui est à peu près de 72 livres; et pour réduire ce même poids en tonneaux, on le divisera par 2000 livres, poids ordinaire du tonneau d'eau de mer.

On aura donc toujours, par ce moyen, le poids ou le déplacement d'eau du vaisseau, qui doit être égal et comparé au poids des différentes parties qui doivent composer sa coque, son gréement et sa charge, ou son arrimage, pour être assuré que ce vaisseau n'enfoncera dans l'eau que de la quantité projetée.

EXEMPLE.

Du déplacement d'eau d'un vaisseau de 74 canons, comparé au poids de sa coque, de ses apparaux et de ses munitions.

Déplacement d'eau jusqu'à cinq pieds de batterie au sabord du milieu.

	Pieds cubes.
Première tranche comprise, depuis le dessous de la quille, jusqu'à 46 pouces de hauteur au milieu au-dessus de la quille.	4514 liv.
Deuxième tranche de 24 pouces de hauteur. . .	7641
Troisième tranche de 24 pouces de hauteur. . .	8559
Quatrième tranche de 24 pouces de hauteur. . .	9668
Total.	30382 liv.

Pieds cubes.

Report. . . . 30382 liv.

Cinquième tranche de 24 pouces de hauteur. . . 10873

Sixième tranche de 24 pouces de hauteur. . . . 12072

Septième tranche de 24 pouces de hauteur. . . 13310

Huitième tranche de 24 pouces de hauteur. . . 14413

TOTAL du déplacement en pieds cubes. . . . 81050 liv.

Lesquels 81050 pieds cubes d'eau pèsent à
raison de 72 livres le pied cube, et de
2000 livres le tonneau. . . . . . . 2917 ton. 1600 liv.

Poids de la coque du vaisseau.

Tonneaux.

Bois de chêne travaillé 35250 pieds cubes,
à 59 livres le pied cube, l'un dans l'autre, pèse. 1539   1750 liv.

Bois de sapin 7500 pieds cubes, à 50 livres le pied cube. 187   1000

Sculpture 6

Fer en courbes du premier pont, faux-
pont, et une partie de celles du second
pont 26

Fer en chevilles de toutes sortes, ferrures
de gouvernail, chaînes d'haubans et
clous. 50

Plomb des écubiers, dalots et coutures. . 3

Rouets de fonte aux seps de drisse et bos-
soirs 1

Serrurerie 1

Étoupe 6

Goloron. 1

Peinture. 2

Cuisines, fours et potages 14

TOTAL du poids de la coque. . . 1837 ton. 750 liv.

Poids des apparaux.

	Tonneaux
Mâture complète et celle de rechange. .	66
Poulies et pompes.	14
Rouets de fonte et de fer des poulies . .	1
Voiles et leurs étuits.	11
Câbles, grêlins, orins et cordages pour les ancres.	43
Cordages de la garniture.	34
Rechange du maître.	11
Ancres avec les fûts	17
Chaloupe et canots.	12

TOTAL du poids des apparaux. . . . 209 tonneaux.

Lest.

En fer	80
En pierres	120

TOTAL. 200

Munitions de guerre.

Canons de fer.	163
Affûts garnis	35
Boulets ronds et ramés	56
Poudre avec les barils.	22
Valets	6
Pinces, anspects, ustensiles et rechange du maître canonnier.	10
Fusils, mousquetons, haches d'armes, etc.	2

TOTAL des munitions de guerre. . 294

Poids des munitions de bouche.

vres pour six mois à 700 hommes . .	378
u pour deux mois	150
tailles.	46
ble du capitaine	30
TOTAL des munitions de bouche. . .	604 tonneaux.

Poids des menus effets de l'armement et rechanges.

	Tonneaux.	
fets du chirurgien	4	
i pilote	2	
e l'aumônier		1000 liv.
change du charpentier	4	1000
calfat	2	
TOTAL des menus effets, etc. . . .	13 tonneaux.	

Poids de l'état-major et équipage.

ix-neuf officiers-majors	5
pt cents hommes d'équipage. . . .	70
TOTAL de l'état-major et équipage. .	75 tonneaux.

Récapitulation des différens poids.

que du vaisseau	1837 ton.	750 liv.
pparaux	209	
st	200	
unitions de guerre.	294	
unitions de bouche.	604	
enus effets de l'armement et rechanges.	13	
tat-major et équipage.	75	
TOTAL des différens poids. . . .	3232 ton.	750 liv.

Le déplacement d'eau de ce vaisseau ayant été trouvé de 2910 tonneaux, et le poids de sa coque et de sa charge, ou de son armement, devant être de 2908 tonneaux 1250 livres, il reste un tonneau 750 livres de bénéfice, que l'on mettra en outre des 200 tonneaux de lest.

Ce n'est que par une pareille opération ou combinaison du déplacement d'eau du vaisseau, avec le poids de sa coque et des matières qui doivent composer son armement ou son arrimage, qu'un habile constructeur s'assure d'avance que son vaisseau, tout armé ou chargé, aura précisément le tirant d'eau et la hauteur de la batterie qu'il projette de lui donner.

L'exemple que je viens de donner pour un vaisseau de 74 canons, peut convenir aux vaisseaux et frégates du roi de tous les rangs, aux vaisseaux de la compagnie et aux vaisseaux marchands; il suffit de connaître le déplacement d'eau du vaisseau, et d'en déduire le poids de la coque, pour connaître son port ou le poids des matières qui doivent composer son chargement ou son arrimage.

Mais ce n'est pas assez pour le bon arrimage que le poids des matières soit précisément égal au déplacement d'eau, il faut aussi que ce poids, et surtout la distribution de ces matières, soient relatifs à la stabilité et à l'assiette du vaisseau.

On a vu, en comparant les différens poids qui entrent dans l'arrimage d'un vaisseau de 74 canons, avec son déplacement, que la quantité de lest a été portée à

)o tonneaux ; mais cette quantité de lest sera-t-elle
ffisante pour que le vaisseau porte bien la voile ? et
ra-t-elle distribuée de façon que, lorsque le vaisseau
ra chargé, il ait l'assiette ou la différence du tirant
eau projetée ? C'est là l'ouvrage du plus habile cons-
ucteur qui joint la théorie à la pratique, et la condi-
on la plus essentielle du bon arrimage, qui, étant une
ite des combinaisons et des calculs de ce construc-
ur, doit concourir à procurer à son vaisseau les quali-
s qu'il a projeté de lui donner.

Cet habile constructeur, en combinant le plan de
n vaisseau, a calculé ses capacités ou son déplacement,
les a comparées aux poids qu'il doit porter. Il a fixé
quantité de lest, relativement à ses capacités. Il a
aminé si, avec cette quantité, et telle espèce de lest
pandu le plus uniformément dans la cale, et le plus
oigné des extrémités, le centre de gravité commun de
utes les matières serait effectivement au-dessous du
éta-centre, et si son vaisseau aurait la stabilité néces-
ire ; d'après ces calculs, il a déterminé le tirant d'eau
 l'avant et de l'arrière, ou l'assiette de son vaisseau. Il
arrêté et travaillé son plan en conséquence, trouvé les
gnes d'eau les plus douces et les plus propres à diviser
 fluide, placé le centre de gravité par rapport à la lon-
ueur du vaisseau, ou le centre de rotation le plus
antageusement pour bien gouverner et avoir les mou-
mens doux, déterminé le point vélique ; enfin il a fait
r ce plan tous les calculs nécessaires pour s'assurer
 plus haut degré de toutes les bonnes qualités que

peut réunir le meilleur vaisseau de ce rang et de cette espèce.

Quelqu'attention qu'ait prise cet habile constructeur pour procurer à ce vaisseau ces qualités supérieures, il ne faut qu'un mauvais arrimage pour en faire un mauvais vaisseau; cent tonneaux de lest de plus ou de moins, et différemment placés, vont tout gâter; et voici les inconvéniens qu'ils peuvent produire.

Je suppose qu'au lieu de 200 tonneaux de lest, qui, joints aux poids des différentes parties du chargement, font un poids égal au déplacement d'eau du vaisseau, et ont été jugés nécessaires à sa stabilité, on en mette 300 tonneaux, il est clair que le vaisseau, au lieu de conserver le tirant d'eau qu'il devait avoir, enfoncera jusqu'à ce qu'il ait déplacé un volume d'eau égal à ce plus grand poids de 100 tonneaux, ce qui fait à peu près pour un pareil vaisseau une tranche ou excès de tirant d'eau d'environ six pouces; ainsi ce vaisseau, qui devait avoir cinq pieds de batterie, n'aura plus que quatre pieds six pouces, et ne sera plus en état de se servir de sa première batterie, pour peu que la mer soit grosse, ce qui le mettrait dans le cas d'être pris par un vaisseau beaucoup plus petit.

Ce n'est pas là le seul inconvénient; ce plus grand tirant d'eau de six pouces ayant augmenté d'autant la colonne d'eau que sa proue doit refouler, sa marche doit être d'autant plus retardée, que son poids a augmenté de 100 tonneaux. Il doit, par la même raison, trouver plus de difficulté à se mouvoir de côté, à virer de bord,

à obéir à son gouvernail, dont la partie haute ne fait
as grand effet.

La stabilité de ce vaisseau ne devant exiger que 200
nneaux de lest, l'augmentation inutile de 100 ton-
eaux doit rendre ses mouvemens trop durs et trop vifs,
ur ne pas fatiguer le corps du vaisseau, et rompre sa
âture.

Enfin, si, en mettant ces 100 tonneaux de lest de
us, on les place au hasard, et de façon que le vaisseau
enfonce pas parallèlement au premier tirant d'eau
ojeté, il doit en résulter un changement total dans la
gure des lignes d'eau, dans la position du centre de
avité, de rotation, du méta-centre, du point vélique,
n'est plus le même vaisseau, et toutes les combinai-
ns du constructeur deviennent inutiles.

Si, au lieu de mettre 100 tonneaux de lest de plus,
a mettait 100 tonneaux de lest de moins que celui
ouvé nécessaire, le vaisseau en serait d'autant plus léger
plus flottant, et il s'en faudrait d'environ six pouces
'il n'eût le tirant d'eau projeté; c'est-à-dire, qu'au
u d'avoir cinq pieds de batterie, il aurait cinq pieds
demi; mais alors cette plus grande hauteur de batte-
et de tous les autres poids élevant le centre de gra-
té et augmentant la bricole, et la quantité de lest n'é-
nt pas suffisante à la stabilité du vaisseau, il ne porte-
it pas la voile, et ne saurait naviguer avec sûreté.

La résistance du fluide sur la proue serait moins
rte, à la vérité; mais celle du côté n'étant pas propor-
onnée à la hauteur des œuvres mortes, le vaisseau dé-

riverait beaucoup, et sentirait moins son gouvernail, qui enfoncerait moins dans l'eau; et si ce vaisseau, devenant plus flottant avec cette moindre quantité de lest, n'avait pas conservé le parallélisme projeté, il pourrait, outre les inconvéniens de ne pas porter la voile et de dériver beaucoup, très-mal marcher, très-mal gouverner, et avoir des mouvemens de tangage fort durs.

Il pourrait se faire que le même vaisseau, fait et combiné pour porter six mois de vivres, ne fût armé que pour trois mois; ce qui ferait (la quantité d'eau restant la même) une différence ou un déficit de 200 tonneaux, dont le vaisseau deviendrait plus flottant, et pourrait produire les effets que je viens de citer, de ne pas porter la voile, de dériver beaucoup, etc.

Pour remédier à ce défaut de poids, et donner à ce vaisseau, qui n'aurait que trois mois de vivres, le même tirant d'eau que s'il avait six mois, il faudrait augmenter son lest d'une quantité égale aux poids des vivres supprimés; mais comme ce lest serait d'une pesanteur spécifique plus grande, et beaucoup plus avantageusement placé que les vivres, son centre de gravité serait beaucoup plus bas, augmenterait la stabilité du vaisseau, et causerait des mouvemens fort durs qui pourraient faire rompre la mâture.

Pour obvier à ces inconvéniens, il faudrait avoir attention de choisir ce nouveau lest le plus léger qu'il serait possible, de supprimer même le lest de fer qu'on avait jugé nécessaire à la stabilité du vaisseau, pour le

emplacer en pierre, d'élever tout le lest autant qu'on
pourrait sur les ailes ou sur le bout des varangues, et de
faire en sorte que cette plus grande quantité de lest ne
fît pas trop baisser le centre de gravité commun du
vaisseau, par rapport au méta-centre, ou n'augmentât
pas trop la stabilité : c'est là le moyen de faire un bon
arrimage et de tirer le meilleur parti d'un vaisseau dont
le plan a été bien fait et bien combiné.

Ceci doit s'appliquer aux vaisseaux de la compagnie
des Indes, comme aux vaisseaux marchands; un bon
constructeur, connaissant l'objet du commerce et la
destination de chaque vaisseau, combine l'espèce et le
poids des matières qu'il doit porter, et lui donne des
capacités, un tirant d'eau et une figure relatives; mais
si on changeait l'espèce et la pesanteur spécifique des
marchandises ou effets que ce vaisseau devait porter, il
faudrait augmenter, diminuer ou supprimer la quantité
de lest, relativement à la différence du poids de ces
marchandises.

Si on chargeait, par exemple, un vaisseau de canons,
de mortiers, de fer ou de plomb, dont la pesanteur
spécifique serait considérablement plus grande que celle
des matières qu'il devait porter, il ne faudrait pas remplir sa cale de ces canons, fer, etc.; parce que, leur
pesanteur étant beaucoup plus forte que leur déplacement, le vaisseau coulerait bas sous ce chargement;
mais il faudrait en mettre seulement une quantité d'un
poids égal au port du vaisseau, en tonneaux de poids,
qu'il faut distinguer du tonneau d'arrimage. Le tonneau

de poids est, comme nous l'avons dit ci-dessus, de 2,000 livres, et sert pour exprimer le poids du déplacement d'eau du vaisseau, ou le poids de sa charge. Le tonneau d'arrimage est de 42 pieds cubes, et sert pour mesurer l'espace, ou ce que peut contenir la cale, l'entre-pont, etc., du vaisseau.

Comme cette espèce de chargement en canons, etc., serait beaucoup plus lourd, tiendrait moins d'espace dans la cale, et aurait son centre de gravité beaucoup plus bas que le chargement ordinaire, la stabilité du vaisseau en serait considérablement augmentée, et sa coque, ainsi que sa mâture, seraient en grand danger par la vivacité des mouvemens du tangage et du roulis; c'est ce que l'expérience ne prouve que trop souvent pour de pareils arrimages faits au hasard.

On a jusqu'aujourd'hui regardé comme impossible ou très-difficile de faire un bon arrimage de cette espèce. Le sûr moyen d'y réussir est de répandre et d'élever tout ce chargement qui occupera peu d'espace dans la cale, de façon que son centre de gravité se trouve à peu près semblablement placé par rapport à la longueur du vaisseau, et à la même distance au-dessous du méta-centre, que devait être le centre de gravité du chargement ordinaire.

On peut se servir de plusieurs moyens pour élever ce chargement ou ces canons au-dessus de la carlingue ou du fonds de la cale; je préférerais un grillage de bois de sapin le plus léger, où je pratiquerais le plus de vide, aux autres matières, comme fagots, billettes, etc.,

i se compriment et se broient dans les mouvemens
vaisseau, et ne produisent plus leur effet.

CHAPITRE III.

*es inconvéniens qui doivent résulter des méthodes
usitées dans les ports pour lester et arrimer les
vaisseaux, et des remèdes qu'on pourrait y
apporter.*

N a pensé, et beaucoup de personnes pensent en-
re aujourd'hui dans les ports, qu'il n'y a aucune règle
rtaine pour bien arrimer les vaisseaux. Chacun veut
imer à sa fantaisie; en général, on veut une trop
ande quantité de lest pour naviguer avec plus de sû-
té, et mieux porter la voile.

L'un veut plus de lest de fer et le placer dessus, ou
plus près de la carlingue; l'autre veut plus de lest de
erre, et pense que le lest de fer doit être plus élevé et
acé sur l'extrémité des varangues; qu'il doit être ré-
ndu dans la cale de telle ou telle façon; que le vais-
au doit être mis sur ce lest à la différence qu'il avait
rsqu'il a été mis à l'eau; que cette même différence
 tirant d'eau ou assiette doit lui être conservée, quand
est chargé.

Toutes ces différentes opinions prouvent la disette
s principes, et que c'est le hasard qui fait faire pres-

que tous les arrimages des différens ports : doit-on s'é-
tonner des inconvéniens qui en résultent ?

On voit le même vaisseau dans une campagne avoir
d'excellentes qualités, les mouvemens doux, une belle
batterie, bien gouverner, bien marcher, bien porter la
voile, et dans une autre campagne avoir toutes sortes
de défauts.

On voit deux vaisseaux faits sur le même plan, sur le
même gabarit ou sur le même moule, partir ensemble
et avoir des qualités toutes différentes : doit-on s'en
étonner, s'ils sont différemment arrimés et lestés, et
s'ils n'ont pas le même tirant d'eau et la même assiette ?

On voit enfin des vaisseaux rompus, arqués ou dé-
liés avant le temps, parce que, pour leur donner une
assiette ou une différence de tirant d'eau qu'ils ne de-
vaient pas avoir, on a chargé l'une ou l'autre de leurs
extrémités de lest ou autres poids, ce qui a rendu les
mouvemens de tangage trop durs, et fait rompre les
parties surchargées.

Voilà les inconvéniens trop fréquens d'un arrimage
fait au hasard, et suivant le caprice de quelqu'un qui ne
connaît pas le vaisseau qu'il arrime, et qui se croit assez
savant, et a trop d'amour-propre pour consulter ou
écouter les avis d'un habile constructeur, qui gémit de
voir son vaisseau mal arrimé, et toutes ses combinaisons infructueuses.

Je ne dois pas dissimuler que c'est autant la faute
des constructeurs que des marins, si ces préjugés se
ont introduits dans les ports ; on faisait autrefois, et

l'on fait encore aujourd'hui, même dans les ports du royaume, la plupart des vaisseaux au hasard ; il n'est pas étonnant qu'on les arrime encore au hasard.

Le seul et plus sûr remède, qu'on puisse apporter à ces inconvéniens, est de ne confier la construction des vaisseaux qu'à des constructeurs instruits, qui soient en état de combiner et calculer leurs plans, comme je l'ai expliqué dans le chapitre précédent, et de charger ces mêmes constructeurs de veiller dans les ports à l'arrimage de leurs vaisseaux, afin qu'ils soient faits relativement à leur projet, ou à la différente destination de ces mêmes vaisseaux.

Il conviendrait aussi d'engager les marins de se conformer aux instructions qui leur seraient données par les constructeurs des vaisseaux qu'ils commanderaient, pour leur conserver, dans le cours de la navigation, autant que la consommation des vivres, de l'eau, et des autres munitions peuvent le permettre, le tirant d'eau le plus parallèle à celui qu'ils avaient en partant, et le plus avantageux à leurs bonnes qualités, et à la douceur de leurs mouvemens.

On doit juger, par tout ce que je viens de dire, de quelle conséquence il est, pour le bien du service, d'avoir des constructeurs instruits ; ce n'est que par leur moyen que le roi et la compagnie des Indes peuvent réussir à avoir d'excellens vaisseaux, et à les garantir des accidens qui peuvent provenir d'un mauvais arrimage, qui contribue autant à leurs mauvaises qualités, qu'à leur peu de durée.

Il serait même à désirer, pour le bien de l'état et du commerce, que la construction des vaisseaux marchands fût confiée à leurs soins, et non à des charpentiers ignorans, qui font au hasard les vaisseaux qui demandent le plus de combinaison, et dont l'arrimage ne peut qu'être aussi fait au hasard. Ces vaisseaux marchands n'ont ni marche, ni qualités, tirent beaucoup d'eau, ont besoin de beaucoup de monde pour manœuvrer, et sont sûrement pris en temps de guerre, dès qu'ils sont aperçus.

On pourrait faire des vaisseaux de même port, qui ne coûteraient pas plus cher, navigueraient avec moins de monde, tireraient beaucoup moins d'eau, auraient d'excellentes qualités, et marcheraient comme des frégates. Ces vaisseaux, en temps de paix, procureraient, par de plus courtes traversées, plus de profit aux armateurs, et la santé aux équipages : en temps de guerre, ils approvisionneraient plus sûrement les colonies, feraient le commerce avec moins de risque, et conserveraient à l'état, par leur marche supérieure, des matelots, dont l'espèce est aussi précieuse que rare, parce qu'ils sont presque tous pris dans les mauvais vaisseaux marchands et corsaires mal construits, et périssent dans les prisons.

Ce que je dis ici, sur la meilleure construction des vaisseaux marchands, n'est point une idée, ni un problème à résoudre. Il est des constructeurs qui en ont démontré la possibilité et la vérité, tant pour les vaisseaux de la compagnie, que pour les flûtes et bâtimens de transport, qu'ils ont construits pour des particuliers

uxquels ils ont su procurer une marche supérieure
vec les qualités de porter beaucoup, de tirer peu d'eau,
t de naviguer avec peu de monde.

L'on doit sentir le prix de pareils constructeurs aussi
tiles que savans, pour porter à ce haut degré de per-
ection un art aussi difficile que nécessaire, et l'on ne
evrait rien épargner pour les encourager, et en augmenter le petit nombre, en distinguant leur état, et
établissant les écoles qui ont formé d'aussi excellens
ujets.

Il peut arriver néanmoins qu'on ait à arrimer un
aisseau fait au hasard, et dont on ne connaît ni le
lan, ni la stabilité, ni l'assiette; il faut alors que l'intel-
gence des constructeurs et officiers qui doivent arrimer
e vaisseau, supplée à l'ignorance de celui qui l'a fait.
On peut avoir à peu près la figure de la carène, en la
mesurant à différentes hauteurs et largeurs, déterminer
n conséquence la quantité de lest, le chargement, et
e tirant d'eau que l'on estime le plus avantageux; mais
e n'est que par les observations et les expériences que
on doit faire dans le cours de la navigation, que l'on
eut porter cet arrimage à son point de perfection.

Si on s'aperçoit à la première campagne que ce vais-
eau ne porte pas bien la voile, il faudra augmenter la
uantité de lest, ou bien lui donner un lest d'une pe-
anteur spécifique plus forte; s'il a des mouvemens trop
urs, il faudra au contraire diminuer son lest, ou sup-
rimer celui de fer pour le remplacer en pierre; s'il ne
ouverne pas bien, il faudra changer son assiette, en

distribuant autrement son lest, ou son chargement. Enfin, il faudra se servir, pour corriger l'arrimage de ce vaisseau, des principes établis dans ce Mémoire, et des défauts qu'on aura reconnus pendant le cours de sa navigation, qui peuvent provenir, et de la mauvaise construction du vaisseau, et de ce qu'on n'avait pas d'abord trouvé l'assiette qui lui convenait.

CONCLUSION.

Les différentes méthodes que j'ai données, pour arrimer dans différens cas, et avec des chargemens différens, les vaisseaux de guerre, de la compagnie des Indes, et les vaisseaux marchands, sont applicables, et peuvent convenir aux vaisseaux de toutes sortes de grandeurs et de différentes espèces.

Elles m'ont paru suffisantes pour faire connaître le poids et la distribution des matières qu'on y emploie, l'effet qu'elles produisent sur le sillage, sur les lignes d'eau, sur les propriétés de bien gouverner, de bien porter la voile, d'être doux à la mer, et sur les autres qualités d'un vaisseau, les inconvéniens dont les méthodes usitées dans les ports sont susceptibles, et les remèdes qu'on peut y apporter.

L'on peut en conclure que la seule et bonne façon de bien arrimer et lester un vaisseau, est de connaître son plan, ses capacités, sa stabilité et son assiette, de les comparer aux poids qu'il doit porter, et déterminer en conséquence la distribution de sa charge, et la quantité, l'espèce et la position du lest qu'on doit lui donner, afin que chaque chose étant à sa place, le vaisseau ait le tirant d'eau, la hauteur de la batterie, et toutes les autres qualités projetées ; c'est là l'ouvrage du plus habile constructeur ; personne ne peut mieux que lui connaître son vaisseau et l'arrimage qui lui convient.

Je pourrais donner ici des méthodes de calculer les capacités, la stabilité et l'assiette du vaisseau ; mais je ne ferais que répéter ce qu'ont écrit à ce sujet M. Bouguer, dans son Traité du Navire, et M. Duhamel, dans son Traité de Construction.

L'on trouvera dans ces deux excellens ouvrages, non-seulement ces méthodes, mais encore tous les calculs les plus difficiles que doit savoir le meilleur constructeur, et qui ont servi de base à ce mémoire ; je serai très-flatté s'il peut être utile aux marins, c'est le but que je me suis proposé.

REMARQUES

Sur l'*Altier* et le *Fantasque*, vaisseaux de 64 canons.
(*Pl.* 1 et 2).

Proportions de l'Altier, de 64 canons, construit à Toulon par M. Coulomb, en 1757, et lancé à l'eau le 23 mars 1760.

	Pieds.	Pouces.
Longueur de l'étrave à l'étambot	151	0
Largeur au maître bau de dehors en dehors des membres.	40	0
Creux au-dessus de la quille, sous le maître bau.	19	0
Longueur de la quille.	135	0
Quête de l'étambot.	2	0
Elancement de l'étrave	14	0

Pieds. Ponces.

Tirant d'eau de l'arrière, le vaisseau armé en
guerre. 19   0

Tirant d'eau de l'avant, le vaisseau armé en
guerre. 17   0

Équipage en paix. . . . . 320 homm.

Équipage en guerre 450

Canons { de 24 liv. . . . 26 / de 12 . . . . 28 / de 6 . . . . 10 } Total.   64

Port en tonneaux. . . . . 1100 tonn.

Proportions du Fantasque, *de 64 canons, construit à
Toulon par M. Chapelle fils, en 1756, et lancé à l'eau
le 10 mai 1758.*

Pieds. Pouces.

Longueur de l'étrave à l'étambot 151   0

Largeur au maître bau de dehors en dehors des
membres. 40   6

Creux de dessus la quille sous le maître bau. . 19   6

Longueur de la quille. 133   9

Quête de l'étambot. 3   0

Élancement de l'étrave 14   3

Tirant d'eau d'arrière, le vaisseau armé en
guerre. 20   6

Tirant d'eau d'avant, le vaisseau armé en
guerre. 17   3

Équipage en paix. . . . . 320 homm.

Équipage en guerre 450

Canons { de 24 liv. . . . 26 / de 12 . . . . 28 / de 6 . . . . 10 } Total.   64

Port en tonneaux. . . . . 1150 tonn.

Devis de l'Altier, commandé par M. de Rochemore,
capitaine de vaisseaux; campagne de 1762.

Vivres pour 6 mois; eau pour 3 mois; 450 hommes
équipage et 45 mousses; 21 barquées de lest, savoir,
7 ½ en pierres, 3 ½ en fer. (*Fig.* 4, 5, 6, 7 et 8).

Ce vaisseau étant neuf, on a suivi, tant pour la quan-
té du lest que pour la façon de le placer, l'avis du
onstructeur. En conséquence, on a placé 2 barquées
e lest en canons en avant de l'archipompe, et une bar-
uée et demie en saumons sous la fosse aux câbles, sur
 lest en pierres. Des 17 barquées et demie en pierres,
eux ont été placées de l'arrière de l'archipompe; 12 à
 cale à l'eau, depuis l'archipompe jusqu'à la cloison de
 fosse aux câbles; 3 ½ sous la fosse aux câbles.

Suivant le constructeur, on devait avoir en lest 2
ieds 2 pouces de différence; et on trouva que le vais-
eau tirait de l'arrière 15 pieds, et de l'avant 12 pieds
 pouces; que par conséquent la différence était 2 pieds
 pouces, c'est-à-dire de 4 pouces plus grande que le
onstructeur ne pensait. Ainsi on fut obligé de mettre
 barquée et demie en saumons sous la fosse aux câbles.
Après avoir embarqué tous les vivres, et généralement
oute la charge, le vaisseau tirait d'eau

	Pieds.	Pouces.
De l'arrière	19	5
De l'avant.	18	3
Différence.	1	2

Ce vaisseau porte très-bien la voile, allant assez bien vent arrière ou vent largue, mais non aussi-bien au plus près. Il va beaucoup mieux par un vent fort que par un vent faible. Son tangage est fort doux. Il soutient bien la cape, et surtout celle de la grande voile. Il ne fatigue pas sa mâture. Il vire très-bien vent devant, mais il est un peu lâche pour arriver. Il dérive un peu à la cape et ne va pas de l'avant. Pendant le premier mois, il était ce qu'on appelle vaisseau de compagnie; mais il n'a jamais été bon voilier.

Le capitaine pense que ce vaisseau doit naviguer au moins avec deux barquées de plus de lest; qu'ainsi il faut en mettre 23 au lieu de 21 ; et que la différence du tirant d'eau doit être de 14 pouces au lieu de 16 que le constructeur avait marqués. On n'a pas pu pendant la campagne mettre le vaisseau à cette différence, parce qu'on ne mouilla qu'à Tunis et à Alger, où la mer fut si grosse qu'il fut impossible de prendre le tirant d'eau dont il s'agit. Le capitaine pense aussi qu'il ne faut mettre que deux barquées au plus sous la fosse aux câbles, et une barquée de plus en arrière. De cette manière le vaisseau marchera bien, car il n'a d'ailleurs aucune mauvaise qualité.

Premier devis du Fantasque*, commandé par M. de Castillon le cadet, capitaine de vaisseau, campagne de* 1759. (*Fig.* 9, 10, 11 et 12).

Vivres pour 5 mois; 481 hommes d'équipage, 54 mousses; eau pour 3 mois en trois plans; lest 240 tonneaux dont 70 en fer, 170 en pierre. Le plus fort du lest était depuis le grand mât en avant, et le reste en arrière jusqu'à la cloison des soutes à poudre.

	Pieds.	Pouces.
Tirant d'eau de l'arrière	16	0
Tirant d'eau de l'avant.	12	7
Différence	3	5 en lest.

On trouva que cette différence était un peu trop grande, et on fut obligé de passer du lest sous le plancher de la fosse aux câbles, pour mettre le vaisseau à la différence de 2 pieds 4 pouces. Il ne faudrait donner à ce vaisseau, pour une pareille campagne, que 3 pieds 2 pouces de différence en lest, comme il suit des observations qu'on rapportera bientôt.

Le vaisseau en rade et prêt à partir, tirait d'eau

	Pieds.	Pouces.
De l'arrière	20	0
De l'avant.	17	6
Différence. . . .	2	6

Hauteur de la batterie	au sabord du milieu. .	4	6	
	au sabord de l'arrière.	5	6	9 lig.
	au sabord de l'avant. .	5	5	

On a observé, pendant la campagne, que la différence qui convient le mieux à ce vaisseau est de 2 pieds 2 à 3 pouces. Il a très-bien gouverné. Il n'a jamais manqué à virer. Ses mouvemens sont très-doux, et il ne fatigue pas sa mâture.

Second devis du Fantasque, *commandé par M. de Rochemore , campagne de* 1760.

Vivres pour 5 mois, et un mois en argent ; 480 hommes d'équipage et 60 mousses ; 20 barquées de lest, dont 10 en fer et 10 en pierre. Le lest en fer était composé de 7 barquées en vieux canons de plusieurs calibres placés depuis l'archipompe jusqu'à la fosse aux câbles. A travers du vaisseau une barquée en boulets qui remplissaient les vides des canons ; deux autres en saumons sous le plancher de la fosse aux câbles.

Tirant d'eau avec le lest en fer seulement.

	Pieds.	Pouces.
De l'arrière.	15	3
De l'avant.	12	2
Différence. . . .	3	1

Des 10 barquées en pierre, 7 étaient répandues de l'archipompe jusqu'à la fosse aux câbles, et horizontalement ; les 3 autres dans la cale au vin.

Tirant d'eau avec tout le lest tant en fer qu'en pierre,

	Pieds.	Pouces.	
De l'arrière	15	9	
De l'avant.	11	8	6 lig.
Différence. . . .	4	0	6

Le vaisseau étant prêt à partir, tirait d'eau

	Pieds.	Pouces.		
De l'arrière	19	5	7	lig.
De l'avant.	17	10	0	
Différence. . . .	1	7	7	

Il avait alors 4 pieds 8 pouces 10 lignes de batterie au milieu.

Pendant la navigation, ce vaisseau a assez bien porté voile. Il pliait facilement jusqu'à sa préceinte ; mais s'arrêtait à cet endroit avec le gros comme avec le petit vent. Son fort pour la marche était le vent largue. Il ne marchait pas si bien vent arrière, encore moins au plus près. Il gouvernait bien, mais il ne marchait pas avec un petit vent. Il virait bien de bord. Ses mouvemens de tangage et de roulis étaient très-doux, et il ne fatiguait pas sa mâture.

Comme ce vaisseau a son avant très-renforcé, le capitaine jugea convenable de le mettre plus sur l'avant que ne porte le dernier devis ; il le fit mettre à 2 pieds de différence et on s'en trouva bien. Le vaisseau marcha mieux qu'auparavant ; on présume que si on le mettait 22 pouces de différence, il marcherait encore mieux.

Troisième devis du Fantasque, *commandé par M. de Cabaroux, capitaine de vaisseau, campagne de* 1762.

Vivres pour 6 mois ; eau pour trois mois ; 450 hommes d'équipage et 45 mousses ; 22 barquées de lest, dont 5 en fer et 17 en pierre. Le lest en fer était composé de 35 tonneaux de vieux canons placés depuis l'archipompe jusqu'à la fosse aux câbles, de 15 tonneaux en saumons, qui furent mis en réserve moitié de chaque côté du grand mât pour balancer le vaisseau. Des 17 barquées de lest en pierre, il en a été placé 25 tonneaux depuis la fosse aux câbles jusqu'à l'archipompe ; et à l'arrière de l'archipompe jusqu'à la soute aux poudres, il a été fait un remplissage entre les varanges de porques avec 1500 saumons de fer, sur lesquels on a mis seulement 15 tonneaux de lest en pierre.

Le vaisseau dans cet état, son gouvernail en place, ses affûts de canon chacun à leur bord, tirait d'eau

	Pieds.	Pouces.
De l'arrière	15	6
De l'avant.	12	8
Différence.	2	10

Tout armé et prêt à partir, il tirait d'eau

	Pieds.	Pouces.
De l'arrière	19	8
De l'avant.	17	7
Différence.	2	1

Hauteur de la batterie au sabord du milieu. . 4 pi. 8 p.

Ce vaisseau n'a jamais bien marché qu'en partant du port. Il était vaisseau de compagnie avec toute l'escadre il gouvernait bien ; mais à mesure qu'il a été plus allégé par la consommation, il n'a plus marché. On a tenté de le mettre sur l'avant, sur l'arrière, mais inutilement ; ce qui a fait penser que ce vaisseau veut être appuyé, et que dans une pareille campagne il aurait dû avoir 24 barquées de lest.

Il plie et va chercher son fort, haut ; mais il se comporte parfaitement à la mer dans le gros temps. Sa batterie ne fait ni bruit ni mouvement. Il ne fatigue pas sa mâture ; et ses mouvemens de tangage et de roulis sont fort doux.

Le fort de sa marche est vent largue et à quartier : il n'est pas bon boulinier ; il craint la mer de l'avant et de l'arrière au plus près ; ce qui fait penser qu'il serait nécessaire de lui mettre une contrequille. Le capitaine juge aussi qu'il conviendrait de porter ses deux mâts majeurs un peu plus à l'arrière : il est certain que par-là les voiles d'avant s'orienteraient mieux, et que le petit perroquet, qui ne porte jamais, boulinerait mieux.

Les exemples d'arrimage qui viennent d'être rapportés, et les jugemens portés par les capitaines sur les mouvemens des deux vaisseaux dont il s'agit, confirment que la forme du vaisseau, la quantité et l'arrangement du lest, relativement à la durée de la campagne, ont ensemble une étroite liaison qu'il faut étudier, parce que de là dépend le sort de la navigation.

FIN.

TABLE DES MATIÈRES

CONTENUES

DANS CET OUVRAGE.

FIN DE LA TABLE.

FIN DE LA TABLE.

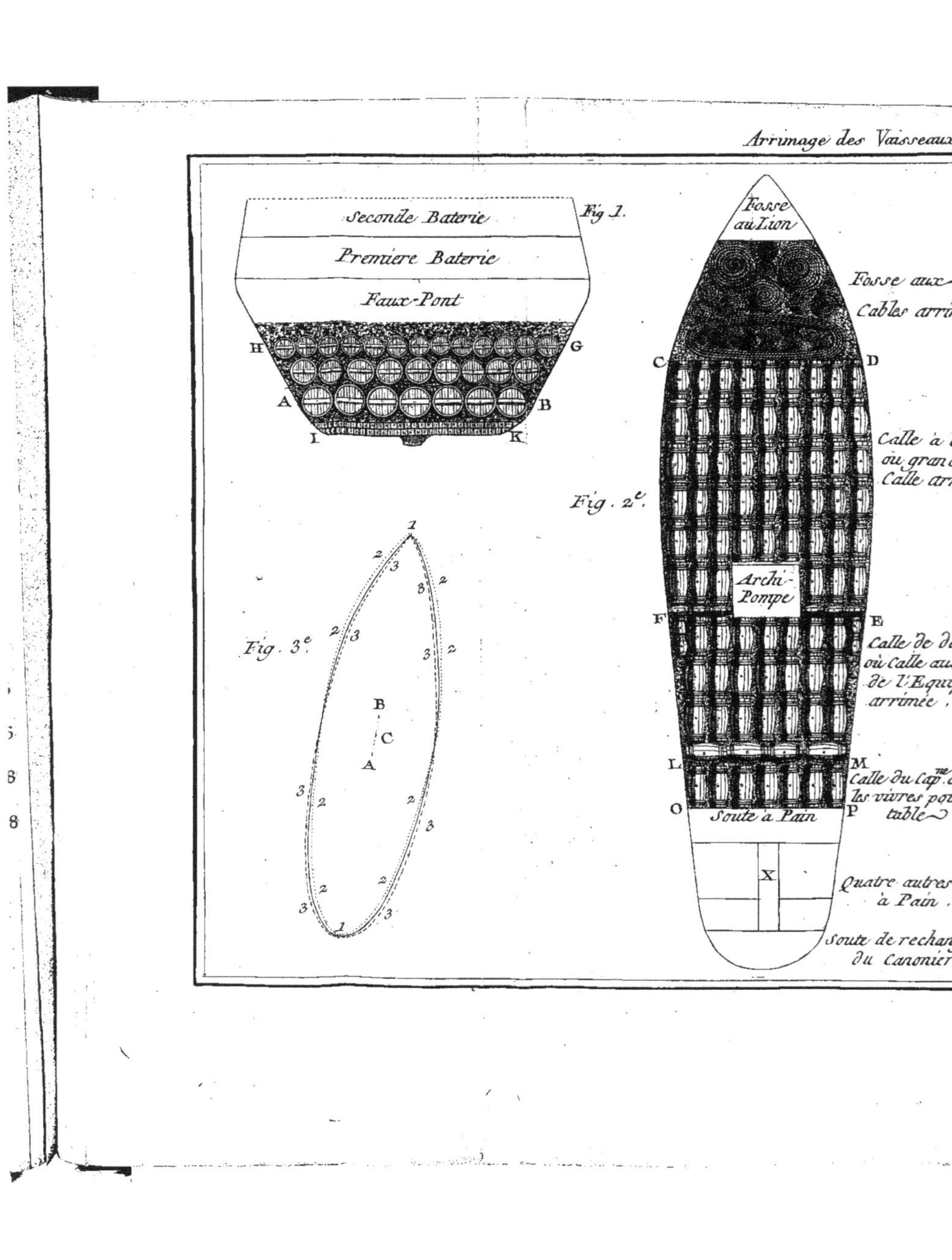
Seconde Baterie
Premiere Baterie
Faux-Pont
H
G
A
B
I
K
Fig. 1.
Fosse au Lion
Fosse aux Cables arrim.
C
D
Calle à l'É
ou grande
Calle arri.
Archi-Pompe
Fig. 2.e
F
E
Calle de der
ou Calle aux
de l'Equip
arrimée.
L
M
Calle du Cap.me ou
les vivres pour
table
O
P
Soute à Pain
X
Quatre autres
à Pain.
Soute de rechang
du Canonier
1
2
3
3
2
2
3
3
2
B
C
A
3
2
2
3
3
2
2
3
3
2
2
1
3
Fig. 3.e

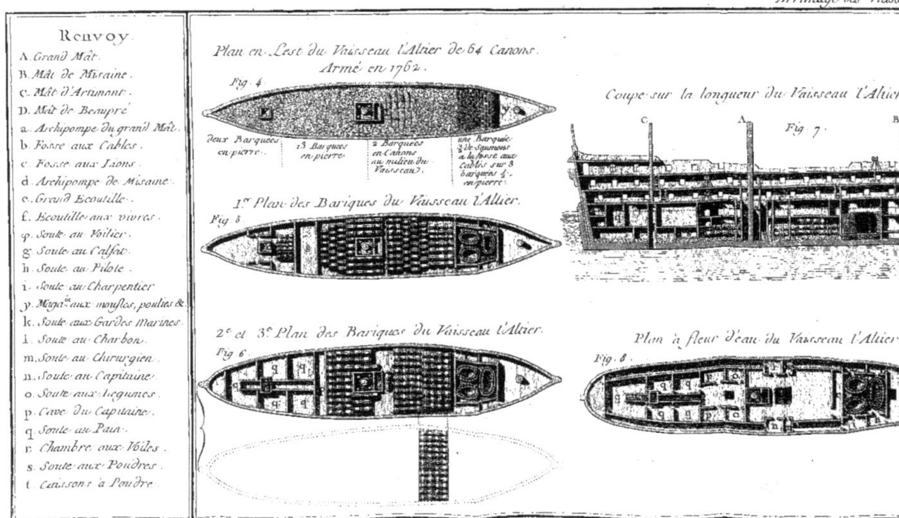

Renvoy.
A. Grand Mât.
B. Mât de Misaine.
C. Mât d'Artimont.
D. Mât de Beaupré.
a. Archipompe du grand Mât.
b. Fosse aux Cables.
c. Fosse aux Lions.
d. Archipompe de Misaine.
e. Grand Ecoutille.
f. Ecoutille aux vivres.
φ. Soute au Voilier.
g. Soute au Calfat.
h. Soute au Pilote.
i. Soute au Charpentier.
y. Magaᶦⁿ aux moufles, poulies &.
k. Soute aux Gardes Marines.
l. Soute au Charbon.
m. Soute au Chirurgien.
n. Soute au Capitaine.
o. Soute aux Legumes.
p. Cave du Capitaine.
q. Soute au Pain.
r. Chambre aux Voiles.
s. Soute aux Poudres.
t. Caissons à Poudre.

Plan en Lest du Vaisseau l'Altier de 64 Canons.
Armé en 1762.
Fig. 4
deux Barquées en pierre.
13 Barquées en pierre.
2 Barquées en Canons au milieu du Vaisseau.
une Barquée ¾ de Saumons à la fosse aux cables sur 3 barquées ¼ en pierre.

1ᵉʳ Plan des Bariques du Vaisseau l'Altier.
Fig. 5

Coupe sur la longueur du Vaisseau l'Altier.
C A Fig. 7 B

2ᵉ et 3ᵉ Plan des Bariques du Vaisseau l'Altier.
Fig. 6

Plan à fleur d'eau du Vaisseau l'Altier.
Fig. 8

1.er Plan en Lest du Vaisseau le Fantasque de 64 Canons Armé en 1760.

Fig. 9.

1.er Plan des Bariques.

Fig. 11

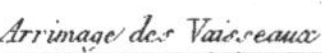

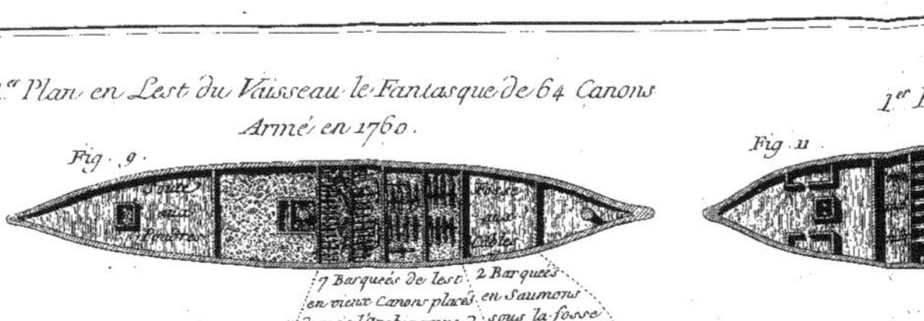

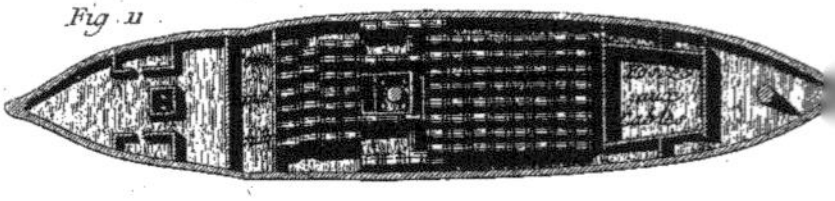

7 Barques de lest en vieux Canons placés depuis l'Archipompe jusques à la fosse aux Cables, une barque en boulets dans les vuides des Canons.

2 Barques en Saumons sous la fosse aux Cables.

2.e Plan en Lest.

Fig. 10

2.e et 3.e Plan des Bariques.

Fig. 12

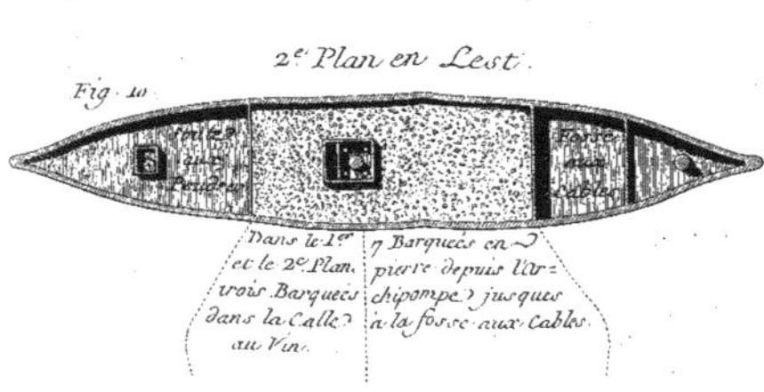

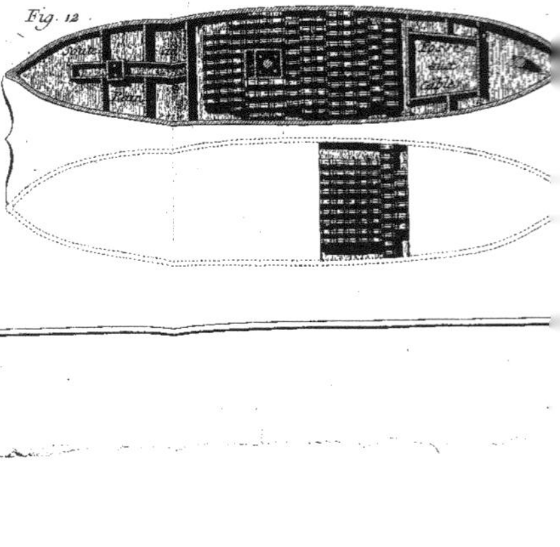

Dans le 1.er et le 2.e Plan, trois Barques dans la Calle au Vin.

7 Barques en pierre depuis l'Archipompe jusques à la fosse aux Cables.

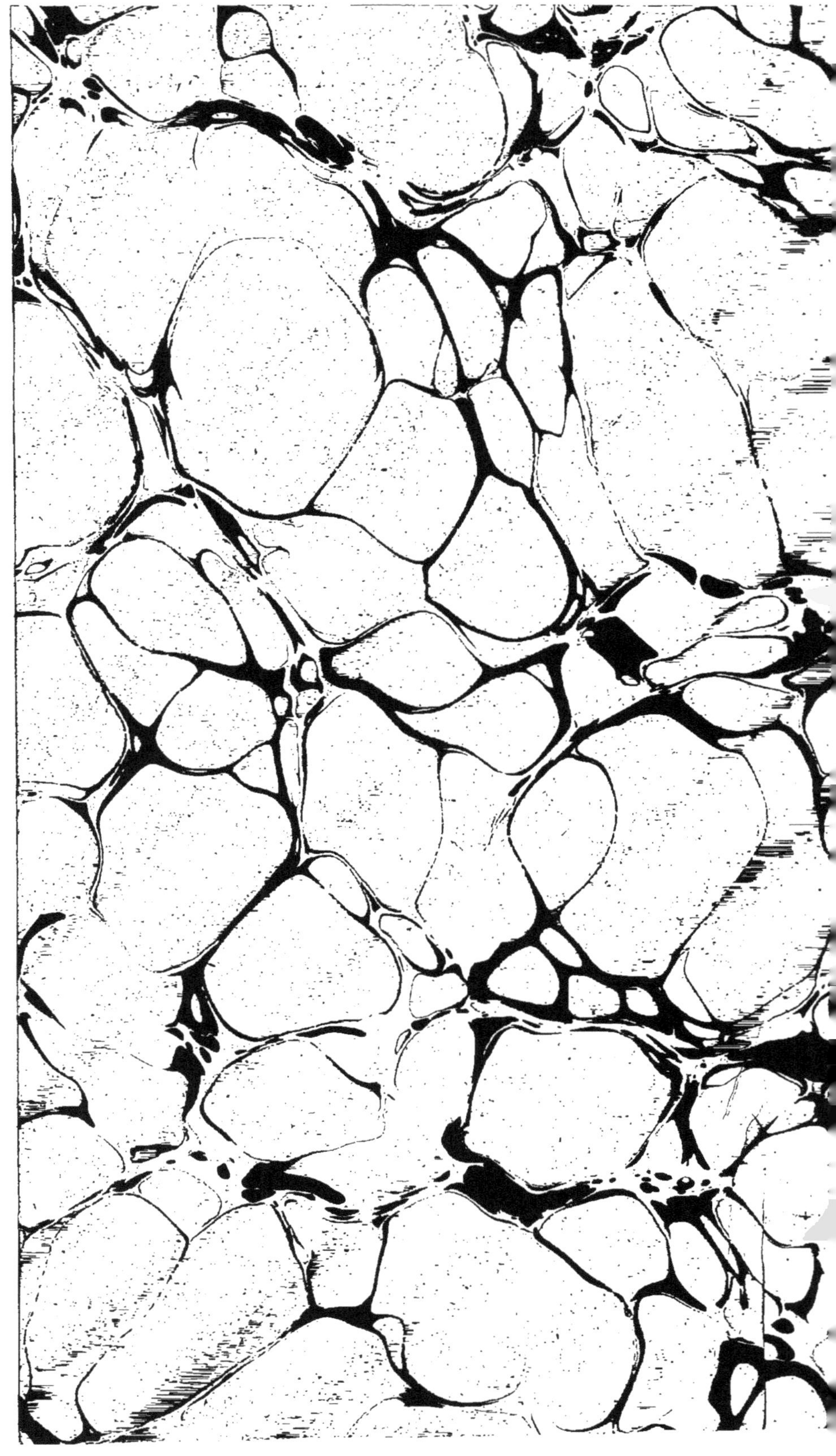

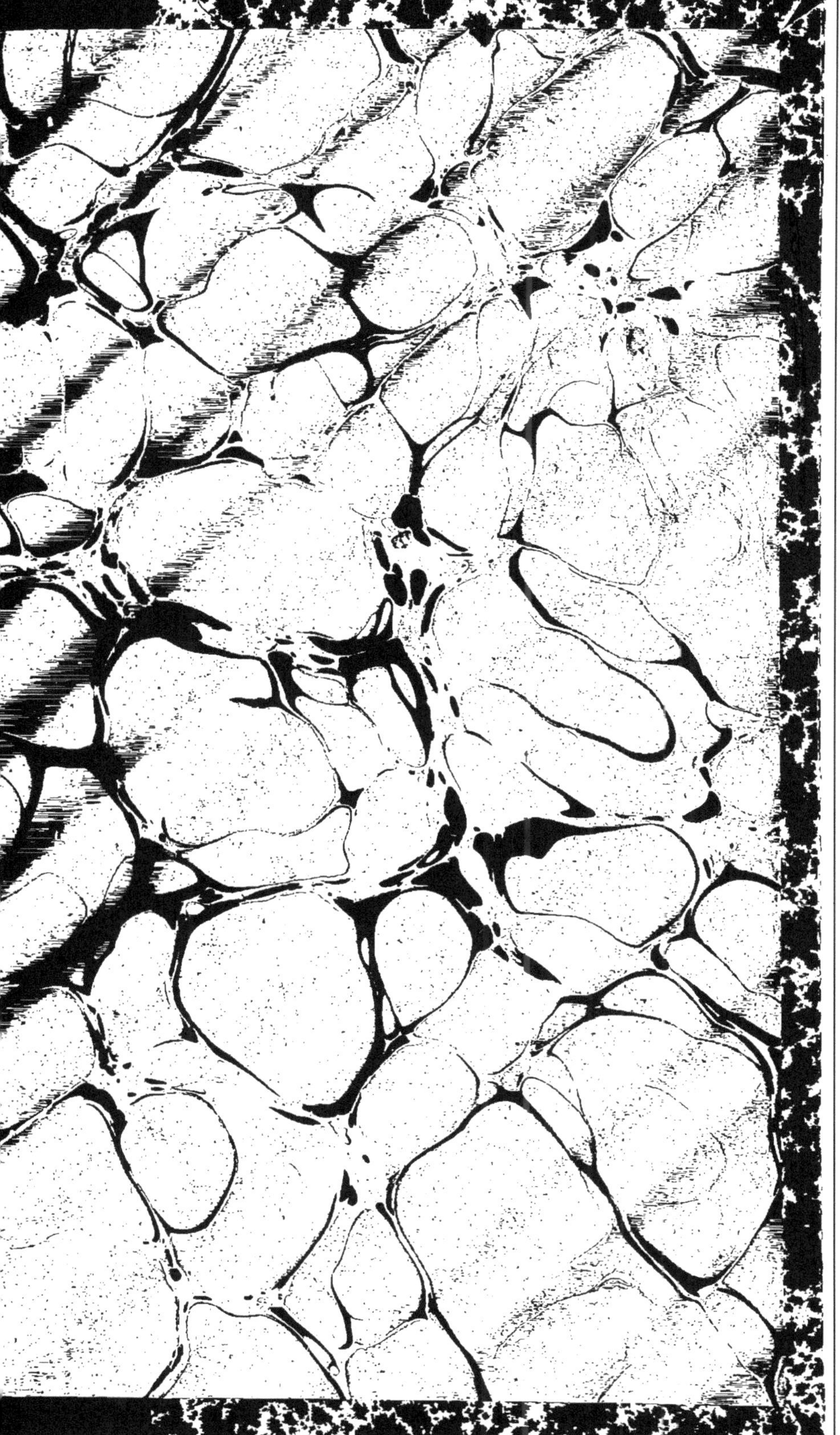

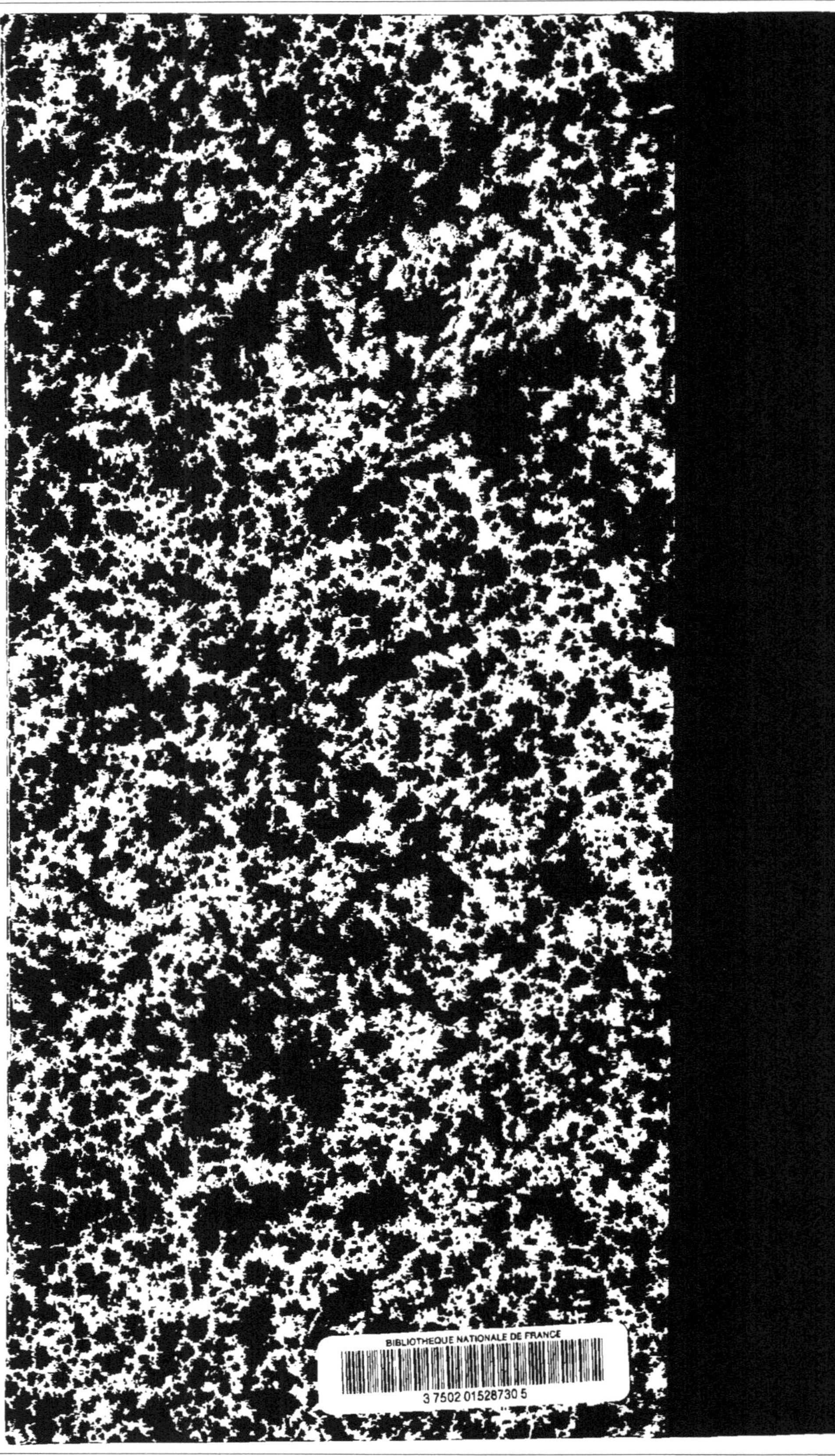

9 782019 301